Energieeffizienz

Bernadette Weyland • Jürgen Bruder
Jürgen Hirsch • Steven Lambeck
Astrid Schülke • Jörg Schmidt • Hannes Utikal

Energieeffizienz

9. CO_2-Lernnetzwerk-Treffen

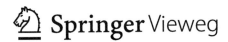

Bernadette Weyland
Hessisches Ministerium der Finanzen
Wiesbaden, Deutschland

Jürgen Hirsch
SIC Consulting GmbH
Frankfurt, Deutschland

Astrid Schülke
Niederlassung Deutschland
BNP Paribas S.A. Niederlassung Deutschland
Frankfurt/Main, Deutschland

Hannes Utikal
Provadis School of International Management
and Technology AG
Frankfurt am Main, Deutschland

Jürgen Bruder
TÜV Hessen
Darmstadt, Deutschland

Steven Lambeck
University of Applied Sciences
Hochschule Fulda
Fulda, Deutschland

Jörg Schmidt
Viessmann Werke GmbH & Co. KG
Allendorf (Eder), Deutschland

ISBN 978-3-658-17224-4   ISBN 978-3-658-17225-1 (eBook)
DOI 10.1007/978-3-658-17225-1

Die Deutsche Nationalbibliothek verzeichnet diese Publikation in der Deutschen Nationalbibliografie; detaillierte
bibliografische Daten sind im Internet über http://dnb.d-nb.de abrufbar.

Springer Vieweg
© Springer Fachmedien Wiesbaden GmbH 2017

Gedruckt auf säurefreiem und chlorfrei gebleichtem Papier

Springer Vieweg ist Teil von Springer Nature
Die eingetragene Gesellschaft ist Springer Fachmedien Wiesbaden GmbH
Die Anschrift der Gesellschaft ist: Abraham-Lincoln-Str. 46, 65189 Wiesbaden, Germany

Grußwort: Staatssekretärin Frau Dr. Bernadette Weyland

Sehr geehrte Leserinnen und Leser,

die Geschichte des Lernnetzwerks hat im Jahr 2010 ihren Anfang genommen. Seitdem wurden mit Hilfe verschiedener Kooperationen zahlreiche gemeinsame Aktionen gestartet. Ein wichtiger Pfeiler der gemeinsamen Entwicklung ist die vertrauensvolle und konstruktive Zusammenarbeit zwischen den Beteiligten, ob aus der Verwaltung, der Wirtschaft, den Kommunen, den Hochschulen oder der Wissenschaft. Seit vielen Jahren unterstützen Sie alle aktiv das Lernnetzwerk. Auch dieser Band ist ein Beispiel dafür. Wir danken an dieser Stelle unseren Partnerinnen und Partnern ganz herzlich für die enge und gute Kooperation.

Ziel und Zweck des Netzwerkes ist die Verbreitung von Wissen, wie in der gemeinsamen Charta festgehalten. Als Mitglieder des Lernnetzwerks „CO_2-neutrale Landesverwaltung" unterstützen Sie den konstruktiven Austausch zu Strategien und Einsatz von Technologien auf dem Weg zur CO_2-Neutralität. Das Lernnetzwerk lebt durch die Bereitstellung von Informationen über Ihre Aktivitäten im Bereich CO_2-Neutralität. Es wurde deshalb der Entschluss gefasst, auch die Ergebnisse bzw. den Wissensaustausch im Rahmen der regelmäßigen Treffen in einem Tagungsband zusammenzutragen. Der Tagungsband erscheint in dem Cover der neu aufgesetzten Buchreihe „Klimaneutralität in Wissenschaft und Verwaltung".

In dieser Sonderausgabe werden interessante Vorträge dargestellt, die im Rahmen des 9. Netzwerk-Treffens unter dem Schwerpunktthema „Energieeffizienz" gehalten und durch die Ergebnisse der Diskussionsrunden ergänzt wurden.

Zur Öffentlichkeitsarbeit und Kommunikation im Lernnetzwerk werden verschiedene Bausteine vorgestellt, die den Mitgliedern des Lernnetzwerkes weitere Möglichkeiten zur Publikation bieten, z. B. in Form von Case Studies (kurze wissenschaftliche Artikel) oder durch Beiträge in der Buchreihe, die die Bandbreite der verschiedenen Wege hin zur Klimaneutralität aufzeigen wird.

Die Kontinuität, mit der das Lernnetzwerk Jahr für Jahr an den Start geht, bestätigt das gemeinsame Engagement für Umwelt- und Klimaschutz.

Lassen Sie sich von den Vorträgen des Tagungsbandes inspirieren und kommen Sie mit uns an Bord!

Viel Freude bei der Lektüre!

B. Weyland

Inhaltsverzeichnis

1 **Hochschule Fulda – Tagungsort des 9. CO_2-Lernnetzwerktreffens
am 16. Juni 2016** 1
Steven Lambeck
1.1 Kurzprofil der Hochschule Fulda 1
1.2 Forschung an der Hochschule Fulda 2
    1.2.1 Elektromobilität von schweren E-LKW (EMOLSE2020)
Interdisziplinäres Forschungsprojekt der Fachbereiche
Wirtschaft und Elektrotechnik und Informationstechnik 3
    1.2.2 Klimastabilisierung in historischen Gebäuden Forschungsgebiet
am Fachbereich Elektrotechnik und Informationstechnik 4
1.3 Zusammenarbeit zwischen Hochschule und Praxis: Vorstellung von
Kooperationsmöglichkeiten 5
    1.3.1 Zentraler Ansprechpartner für Forschung und Entwicklung auf
Präsidiumsebene 6

2 **Die Herausforderung Klimawandel gemeinsam angehen – Klimaschutz
als gesamtgesellschaftliche Aufgabe** 7
Astrid Schülke
2.1 BNP Paribas: eine global agierende Bankengruppe für eine
Welt im Wandel 7
2.2 Unsere Mission, unsere Verantwortung, unsere CSR-Strategie 8
2.3 Die Reduzierung des eigenen ökologischen Fußabdrucks 8
    2.3.1 Energie 10
    2.3.2 Dienstreisen 10
    2.3.3 Papier 10
    2.3.4 Abfall 11
2.4 Selbstverpflichtungen und der Kampf gegen den Klimawandel 11
2.5 BNP Paribas als Multiplikator und Botschafter 13
2.6 Klimaschutz nachhaltig gedacht: Neue Wege, neue Ziele 13

3 Energiemanagementsystem EcoStep Energie 15
Jürgen Hirsch
3.1 Grundlagen von EcoStep Energie 15
3.2 Die Ist-Analyse und deren Ergebnisse............................. 16
    3.2.1 Ergebnisse in den Liegenschaften 16
    3.2.2 Ergebnisse für bereichsübergreifende Prozesse 19
    3.2.3 Ergebnisse für die Universitäten.......................... 20
    3.2.4 Überarbeitung des EMA Hessen 21
3.3 Weiterführung und Planungen 2016–2018......................... 22
    3.3.1 Planungen für die Liegenschaften 23
    3.3.2 Planungen für den LBIH 23
    3.3.3 Planungen für die Universitäten.......................... 24
    3.3.4 Weitere Ansatzpunkte................................. 24
3.4 Zusammenfassung 24

4 Erfahrungen aus den Energieaudits gemäß DIN 16247 27
Jürgen Bruder
4.1 Der rechtliche Rahmen.. 27
4.2 Energieaudit – DIN EN 16247.................................. 28
4.3 Erfahrungen bei TÜV Hessen aus Energieaudits.................... 30
4.4 Hauptsächliches Einsparpotenzial über alle Branchen 31
4.5 Hauptsächliche Einsparpotenziale bei selbst genutzten und betriebenen
    Gebäuden 32
4.6 Fazit 34
4.7 TÜV Hessen – Zukunft Gewissheit geben......................... 35

**5 Nachhaltigkeit gestalten – Die große Transformation erfordert neue
Kompetenzen**... 37
Hannes Utikal
5.1 Einleitung... 37
5.2 Die große Transformation zur Nachhaltigkeit – Was sie bringt,
    was sie bedeutet 38
5.3 Frankfurt als Innovation Lab für nachhaltiges Wirtschaften 39
5.4 Treiber für Transformation.................................... 40
    5.4.1 Systeminnovationen als Treiber der großen Transformation 40
    5.4.2 Neue Kompetenzen als Schlüssel für die erfolgreiche
        Gestaltung der Transformation........................... 43
    5.4.3 Nachhaltigkeitstreiber Unternehmertum 45
5.5 Schluss... 47

6 Kraft-Wärme-Kopplung – Chancen und Perspektiven 51
Jörg Schmidt
6.1 Neuen Modellen der Strom- und Wärmeerzeugung gehört die Zukunft 51
6.2 Weltklimakonferenz in Paris setzt 1,5 °C-Ziel 51
6.3 Energiewende – Herausforderung und Chance 53
6.4 Wärmemarkt spielt wichtige Rolle bei der Energiewende 54
6.5 Verknüpfung von Strom- und Wärmemarkt 55
     6.5.1 Lösungen zur Kraft-Wärme-Kopplung 55
     6.5.2 Speicherung von Überschussstrom durch Power-to-Gas 60
6.6 Resümee 61

7 Die (neue) EnEV 2014 und die Energetische Inspektion von Klima- und Lüftungsanlagen – Betreiberpflichten? Betreiberchancen! 63
Jürgen Bruder
7.1 Der rechtliche Rahmen 64
7.2 Energetische Inspektion für Anlagen mit mehr als 12 kW Nennleistung 65
7.3 Durchführung der Energetischen Inspektion 66
7.4 Einsparpotenziale und Erfahrungen 67
7.5 Fazit 68
7.6 TÜV Hessen – Zukunft Gewissheit geben 69

Hochschule Fulda – Tagungsort des 9. CO$_2$-Lernnetzwerktreffens am 16. Juni 2016

Schwerpunktthema des Treffens: „Energieeffizienz"

Steven Lambeck

1.1   Kurzprofil der Hochschule Fulda

Als fünfte staatliche Fachhochschule 1974 gegründet, zählt die Hochschule Fulda zu den jüngeren Hochschulen in Hessen. Vor allem in den vergangenen zehn Jahren hat sie eine rasante Entwicklung vollzogen. Über 8000 Studentinnen und Studenten sind inzwischen hier eingeschrieben. Rund 60 Studien- und Weiterbildungsangebote – darunter auch bundesweit einmalige Angebote – stehen derzeit zur Auswahl in den acht Fachrichtungen:

- Angewandte Informatik
- Elektrotechnik und Informationstechnik
- Lebensmitteltechnologie
- Oecotrophologie
- Pflege und Gesundheit
- Sozial- und Kulturwissenschaften
- Sozialwesen
- Wirtschaft (Abb. 1.1)

Im Vergleich zu anderen Hochschulen ist die Hochschule Fulda dennoch überschaubar geblieben. Die Wege sind kurz, die Atmosphäre ist persönlich. Die Studierenden lernen und arbeiten in kleinen Gruppen, mit hohem Praxis- und Anwendungsbezug und in direktem Kontakt mit den Professorinnen und Professoren. Dabei ist die Lehre immer so ausgerichtet, dass sie die verschiedenen Lebenssituationen der Studierenden berücksichtigt – ganz gleich ob sie mit Abitur, Fachhochschulreife oder Berufspraxis an die Hochschule

S. Lambeck
Vizepräsident für Forschung und Entwicklung, Hochschule Fulda, Leipziger Str. 123,
36037 Fulda, Deutschland
E-Mail: steven.lambeck@et.hs-fulda.de

© Springer Fachmedien Wiesbaden GmbH 2017
B. Weyland et al., *Energieeffizienz*, DOI 10.1007/978-3-658-17225-1_1

Abb. 1.1 Blick auf Mensa und Bibliothek

kommen. Entsprechend bietet die Hochschule Fulda neben dem klassischen Bachelor- und Master-Studiengang auch ausbildungsintegrierte, berufsbegleitende und duale Studiengänge an sowie Weiterbildungskurse und -studienprogramme.

Beste Lernbedingungen bietet auch der neu angelegte Campus: moderne Labor- und Unterrichtsräume, eine hervorragend ausgestattete Bibliothek mit Einzel- und Gruppenarbeitsräumen, eine neue Mensa und ein modernes Student Service Center sowie ein Selbstlernzentrum und neue Außenanlagen, die Raum für Entspannung und sportliche Aktivität bieten. Dabei wurde bei Planung und Bau der neuen Gebäude ein großes Augenmerk auf Effizienz und auf neueste Techniken zur Energieeinsparung gelegt (Abb. 1.2).

1.2   Forschung an der Hochschule Fulda

Bundesweit zählt die Hochschule Fulda zu den forschungsstarken Hochschulen für Angewandte Wissenschaften. Geforscht wird in drei Schwerpunkten: „Gesundheit, Ernährung, Lebensmittel", „Interkulturalität und soziale Nachhaltigkeit" sowie „Informatik und Systemtechnik". Masterabsolventinnen und -absolventen haben die Möglichkeit, sich im Rahmen einer Promotion weiter zu qualifizieren. Das breite Fächerspektrum sowie mehrere wissenschaftliche Zentren und Forschungsverbünde bieten dabei beste Voraussetzungen, interdisziplinär zu arbeiten. Zudem bieten diese Rahmenbedingungen sehr gute Anknüpfungspunkte für

Abb. 1.2 Innenraum der Bibliothek

Unternehmen und Institutionen, die mit der Hochschule Fulda in Form von Forschungsprojekten oder Abschlussarbeiten zusammenarbeiten möchten.

Mit dem Thema Energieeffizienz beschäftigt sich die Hochschule Fulda unter anderem in folgenden Forschungsprojekten:

1.2.1 Elektromobilität von schweren E-LKW (EMOLSE2020) Interdisziplinäres Forschungsprojekt der Fachbereiche Wirtschaft und Elektrotechnik und Informationstechnik

Der Internethandel wächst und mit ihm der Verkehr in den Innenstädten. Vor allem der Stückgutverkehr ab 30 kg mit Tourenverläufen zwischen 40 und 300 km am Tag nimmt deutlich zu, weil mittlerweile immer mehr Menschen Möbel und Elektrogeräte im Netz bestellen. Die Folge: Mehr CO_2- und Stickoxid-Emissionen, mehr Lärm. Städte wie Amsterdam, London oder Paris haben bereits Stadtgebiete für Verbrennungsmotoren gesperrt. Für die großen Metropolregionen sind neue Konzepte für den städtischen Transport zwingend erforderlich – auch in Deutschland. Eine Lösung könnte der Einsatz von E-LKW bis zu 18 Tonnen Gesamtgewicht bieten. Denn E-LKW stoßen etwa 25 % weniger CO_2 aus, keine Stickoxide, keinen Feinstaub und verursachen zudem deutlich weniger Lärm. Der Knackpunkt: Damit Speditionen den E-LKW tatsächlich einsetzen, bedarf es finanzieller Anreize. Für die Transportunternehmen ist nicht nur der Umweltfaktor, sondern vor allem die Frage entscheidend, ob sich der Einsatz der E-LKW gegenüber konventionellen Fahrzeugen aus Kostensicht lohnt.

Wissenschaftler der Hochschule Fulda untersuchen nun in einem Forschungsprojekt mit vier Praxispartnern bundesweit erstmals, welches tatsächliche Marktpotenzial E-LKW haben. Bislang gibt es keine praxisgerechte Kalkulationsbasis für den Einsatz von schweren E-LKW im Stückgutmarkt, ebenso fehlt es an Ansätzen, wie sich die Batterien in diesen Fahrzeugen verwerten lassen. Seit Juni 2016 werden daher über 24 Monate hinweg die Potenziale der E-LKW in Praxisversuchen getestet und verschiedene Parameter so optimiert, dass sich die Wirtschaftlichkeit der Fahrzeuge kontinuierlich verbessert. Das Projekt wird mit 295.300 € gefördert im Rahmen der Förderlinie „Förderung der Elektromobilität in Hessen" des Hessischen Ministeriums für Wirtschaft, Energie, Verkehr und Landesentwicklung.

1.2.2 Klimastabilisierung in historischen Gebäuden Forschungsgebiet am Fachbereich Elektrotechnik und Informationstechnik

Historische Gebäude stellen in Sachen Klimatisierung eine Herausforderung dar: Aus Gründen des Denkmalschutzes darf keine konventionelle Klimatechnik eingesetzt werden und willkürliches, unkontrolliertes Lüften ist von Nachteil, da viele Kulturgüter wie Gemälde, Schriftgut und Druck-Erzeugnisse, Textilien und Tapeten sowie Möbel und sonstige aus Holz gefertigte Gegenstände auf große beziehungsweise schnelle Klimaschwankungen besonders empfindlich reagieren. Im Forschungsprojekt „KlimaStabil", das im Juni 2016 abgeschlossen wurde, hat der Fachbereich Elektrotechnik und Informationstechnik sich dieses Themas angenommen. Ziel war es, das Klima in historischen Räumen möglichst energieeffizient innerhalb vorab bestimmter Grenzwerte für Temperatur und Feuchte zu stabilisieren. Darauf basierend wurde eine Art Handlungsempfehlungssystem entwickelt: Es kommen Klimasensoren zum Einsatz, die in Abgleich mit der lokalen Wettervorhersage ermitteln, wann und wie lange am besten zu lüften ist. Anhand dieser Daten wissen Angestellte in historischen Gebäuden, wie Klimaschwankungen in den Räumen, trotz manueller Lüftung, möglichst gering gehalten und somit die Alterungsprozesse der Exponate verlangsamt werden können.

Dies war nur ein Projekt von mehreren in den letzten Jahren, das die Forschergruppe „Präventives Klimamanagement" am Fachbereich Elektrotechnik und Informationstechnik an der Hochschule Fulda initiiert und durchgeführt hat. Grundsätzlich wird auf die Ansätze der präventiven Konservierung aufgebaut, die den Schutz des Kulturgutes, neben der Schaffung definierter Klimabereiche, durch eine Vermeidung von Schwankungen relevanter Klimagrößen erreichen soll. Die Forschungsbereiche umfassen hierbei insbesondere die Regelung von Lüftungs- und Heizungsanlagen, die Datenerfassung durch spezielle Messtechnik und die Datenverarbeitung sowie Auswertung (Software). Die Systeme werden hierbei in enger Zusammenarbeit mit den Anwendern (Applikationen) entwickelt und in Modellversuchen getestet.

1.3   Zusammenarbeit zwischen Hochschule und Praxis: Vorstellung von Kooperationsmöglichkeiten

Gleich ob es um das Thema Energieeffizienz oder um andere Bereiche geht: Mit ihren acht Fachbereichen ist die Hochschule fachlich breit aufgestellt. Dabei gibt es verschiedene Möglichkeiten für Unternehmen und Institutionen, mit der Hochschule zusammenzuarbeiten oder eine Kooperation einzugehen. Unterstützt werden Sie dabei von der **Abteilung Forschung & Transfer** an der Hochschule Fulda:

Forschungsunterstützung auf nationaler Ebene
Sie möchten ein Thema aus Ihrem Unternehmen oder Ihrer Institution genauer untersuchen lassen? Die Auftragsforschung ermöglicht es Ihnen, eine bestimmte Aufgabenstellung bearbeiten zu lassen. Eine weitere Variante: Sie bilden mit unseren Wissenschaftlern eine Arbeitsgruppe auf Zeit, die gemeinsam an einer Fragestellung arbeitet.
Ihr Ansprechpartner: Alfred Stein
alfred.stein@verw.hs-fulda.de
Tel. 0661 9640-1908

Forschungsunterstützung auf europäischer Ebene
Sie planen ein EU-Projektvorhaben gemeinsam mit der Hochschule Fulda? Wir bieten Ihnen umfassende Unterstützung bei der Beantragung, beim Projektmanagement und bei der Interessensvertretung gegenüber EU-Institutionen.
Ihr Ansprechpartner: Thomas Berger
thomas.berger@verw.hs-fulda.de
Tel. 0661 9640-7404

Abschlussarbeiten und Praktika
In Zusammenarbeit mit einem Studierenden bzw. einem Professor/einer Professorin können Sie ein Thema im Rahmen einer Abschlussarbeit oder eines Praktikums bearbeiten lassen. Wenn Sie uns Ihr Anliegen nennen, werden wir überprüfen, ob wir es an einem Fachbereich in der Hochschule Fulda bearbeiten können und wenn ja, den Kontakt herstellen.
Ihre Ansprechpartnerin: Kerstin Irnich
kerstin.irnich@verw.hs-fulda.de
Tel. 0661 9640-7401

Duales Studium
Hierbei werden eine berufliche Ausbildung oder intensive Praxisphasen in ein Hochschulstudium integriert – Praxis und Studium sind dabei fachlich, didaktisch und organisatorisch miteinander verzahnt. Damit ist es möglich, Studierende passgenau für Ihr

Unternehmen oder Ihre Institution auszubilden und frühzeitig Fachkräfte zu gewinnen.
Wir koordinieren dabei die Zusammenarbeit mit den teilnehmenden Praxispartnern.
Ihre Ansprechpartnerin: Ilona Jehn
ilona.jehn@verw.hs-fulda.de
Tel. 0661 9640-1902

1.3.1   Zentraler Ansprechpartner für Forschung und Entwicklung auf Präsidiumsebene

Prof. Dr. Steven Lambeck
Vizepräsident für Forschung und Entwicklung
Tel. 0661 9640-1031
E-Mail: steven.lambeck@et.hs-fulda.de
Internet: www.hs-fulda.de/transfer

Leipziger Str. 123
36037 Fulda
Tel. 0661 9640-0
Fax: 0661 9640-199
www.hs-fulda.de

Die Herausforderung Klimawandel gemeinsam angehen – Klimaschutz als gesamtgesellschaftliche Aufgabe

2

Astrid Schülke

2.1 BNP Paribas: eine global agierende Bankengruppe für eine Welt im Wandel

Als Unternehmen, das im Bank- und Finanzdienstleistungsbereich führend in Europa und weltweit präsent ist, kommt der BNP Paribas Gruppe eine besondere Verantwortung zu. Die sich ergänzenden Kerngeschäftsfelder Retail Banking & Services sowie Corporate & Institutional Banking verleihen ihr eine besondere Stärke und finanzielle Solidität: In vielen Bereichen ist BNP Paribas Marktführer oder besetzt Schlüsselpositionen am Markt. Die Gruppe gehört weltweit zu den kapitalstärksten Banken und erfüllt mit ihrer Kernkapitalquote bereits heute die Basel-III-Richtlinien.

Aufgrund der Marktposition und des Bewusstseins des eigenen Vorreiteranspruchs hat sich BNP Paribas der nachhaltigen und zukunftssicheren Gestaltung der Gesellschaft verpflichtet und agiert tagtäglich in 74 Ländern mit mehr als 192.000 Mitarbeitern – davon nahezu 147.000 in Europa und rund 5000 an 19 Standorten in Deutschland – nach ethischen Grundsätzen und unter risikobewussten und verantwortungsvollen Gesichtspunkten.

Eine der tragenden Säulen der CSR-Strategie ist deshalb auch der Schutz der Umwelt: die Reduzierung des eigenen ökologischen Fußabdrucks und das Engagement für die Energiewende. Vor dem Hintergrund von globaler Erwärmung, schmelzenden Gletschern oder auch Naturkatastrophen wie Überschwemmungen werden die Auswirkungen und Gefahren des Klimawandels sichtbar und zeigen, wie wichtig der Schutz der Umwelt für die Überlebensfähigkeit unseres Planeten ist.

A. Schülke
BNP Paribas S.A. Niederlassung Deutschland, Europa-Allee 12, 60327, Frankfurt/Main, Deutschland
E-Mail: astrid.schuelke@bnpparibas.com

© Springer Fachmedien Wiesbaden GmbH 2017
B. Weyland et al., *Energieeffizienz*, DOI 10.1007/978-3-658-17225-1_2

2.2   Unsere Mission, unsere Verantwortung, unsere CSR-Strategie

Kompetenz, Glaubwürdigkeit und Transparenz sind die Schlüsselworte für erfolgreiches und nachhaltiges Wirtschaften und bilden die Vertrauensbasis mit unseren Kunden. BNP Paribas versteht sich hier als Katalysator und bezieht dies in das eigene Kerngeschäft mit ein: der Finanzierung der Realwirtschaft. Sie begleitet, unterstützt und berät ihre Kunden nicht nur bei der Umsetzung ihrer Produkte, sondern auch in Bezug auf ökologische, soziale und ethische Faktoren.

Die Bankengruppe hat sich zum Ziel gemacht, all ihre Stakeholder – Kunden, Mitarbeiter und auch Shareholder – sowie die Gesellschaft für nachhaltige Themen wie Umweltschutz zu sensibilisieren, zu motivieren und zu aktivieren. Daher fußt die CSR-Strategie auf vier Säulen: Wirtschaft, Mitarbeiter, Gesellschaft und Umwelt. In jedem Bereich hat sich die BNP Paribas strenge Selbstverpflichtungen auferlegt, die zuletzt im Jahr 2015 überarbeitet und geschärft wurden.

Neben ethischen und sauberen Investments, dem fairen und loyalen Umgang mit den Mitarbeitern, dem Engagement gegen soziale Ausgrenzung, der Unterstützung von Bildung und Kultur sowie dem philanthropischen Engagement der BNP Paribas Stiftung, deren Aktivitäten in Deutschland sich auf die Bereiche Solidarität, Bildung und Kultur konzentrieren, stehen die Aktivitäten für den Klimaschutz ganz oben auf der Agenda der Bankengruppe. Nicht zuletzt durch den Weltklimagipfel 2015 in Paris ist die hohe Bedeutung und der Wille der Gesellschaft, zu einem Wandel beizutragen, klar kommuniziert worden – dem hat sich BNP Paribas angeschlossen und ihre eigenen Ziele definiert (Abb. 2.1).

2.3   Die Reduzierung des eigenen ökologischen Fußabdrucks

Der Umgang mit natürlichen Ressourcen ist eine Herausforderung unserer Zeit und das auch bei einem Unternehmen aus dem Bank- und Finanzdienstleistungsbereich, bei dem der Ausstoß des Treibhausgases CO_2 vor allem durch die genutzten Gebäude und das umweltbewusste Verhalten der Mitarbeiter bestimmt ist. Auch hier gibt es zahlreiche Maßnahmen, die den ökologischen Fußabdruck reduzieren und den CO_2-Ausstoß minimieren, wie BNP Paribas durch ihre Aktivitäten in vier Bereichen zeigen kann: Energie, Dienstreisen, Papier und Abfall.

Für das Jahr 2015 hatte sich die Bankengruppe das Ziel gesetzt, im Vergleich zu 2012 die Treibhausgasemissionen um 10 % zu senken. Die Ermittlung der Treibhausgasemissionen gemäß Standard des Kyoto-Protokolls berücksichtigt den Energieverbrauch der genutzten Gebäude sowie der durchgeführten Dienstreisen. Das Ziel von 10 % wurde mit der Reduktion von 10,3 % sogar leicht übertroffen.

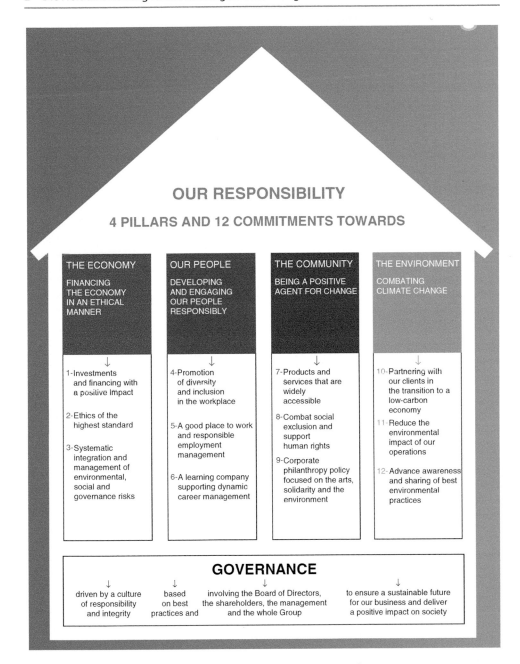

Abb. 2.1 Our Responsibility – 4 pillars and 12 commitments towards

2.3.1 Energie

Durch eine bessere Isolierung der Gebäude, eine Optimierung der Heizungs- und Lüftungs-
thermostate sowie eine energieeffiziente Beleuchtung durch Bewegungsmelder und
energiesparende Leuchtmittel konnte bereits als Teilziel der CO_2-Reduktion der Energieverbrauch der Gebäude bis 2014 um 7,5 % pro m² gesenkt werden. Darüber hinaus setzt
BNP Paribas auf Green IT: Schon bei der Beschaffung von Hardware werden Energieeffi-
zienzkriterien beachtet, im Betrieb schließlich werden Optimierungen bei den Standy-by-Zeiten
und beim Abschaltmodus vorgenommen. Nicht zuletzt spielt auch das Energiemanagement
in den Rechenzentren eine große Rolle. Durch eine Optimierung der Kühlung bzw. Tempe-
rierung der Hardware konnte so ebenfalls der Energiebedarf gesenkt werden.

2.3.2 Dienstreisen

Als weiterer Faktor zur Senkung des Energieverbrauchs wird das Thema Dienstreisen
verstärkt angegangen. Die BNP Paribas Gruppe setzt dabei auf zwei essenzielle Bausteine:
die Vermeidung von Dienstreisen, also die Verhinderung von Treibhausgasemissionen an
sich, sowie das nachhaltige Management von Dienstreisen. Dazu hat sie die Zahl der virtuellen Meetings und Videokonferenzen erhöht sowie Richtlinien zur Optimierung von
Dienstreisen implementiert, um die Mitarbeiter zur Nutzung von öffentlichen Verkehrs-
mitteln oder auch zur Buchung eines Fluges mit geringerem CO_2-Ausstoß in der Eco-
nomy- statt Business-Klasse zu bewegen. Um auch im Fall einer Dienstreise mit dem Auto
den CO_2-Ausstoß durch eine energiesparende Fahrweise zu begrenzen, kooperiert die
BNP Paribas Tochtergesellschaft Arval in Deutschland mit dem ADAC und bietet Eco-
Kombi-Trainings an.

2.3.3 Papier

Papier ist ein wertvoller Rohstoff und wird auch trotz fortschreitender Digitalisierung in
einer Bankengruppe nach wie vor stark genutzt. Um dem entgegenzuwirken, hatte sich
BNP Paribas das Ziel gesetzt, bis zum Jahr 2015 den Papierverbrauch pro Mitarbeiter im
Vergleich zu 2012 um 15 % zu senken. Dies schließt zum einen das intern und für Kunden-
kommunikation genutzte Papier ein sowie zum anderen Briefumschläge, Schecks etc.
Dieses Ziel wurde nicht nur erreicht, sondern deutlich mit einer Reduzierung um 18,8 %
pro Mitarbeiter überschritten. 2015 kamen zudem 70,6 % des intern genutzten Papiers aus
nachhaltiger Herstellung, d. h. es wurde Papier genutzt, das zu mehr als 50 % aus recycel-
tem Papier besteht oder aus nachhaltiger Forstwirtschaft stammt. Erreicht wurde dieses
Ziel durch die Einführung eines dezentralen Druckerkonzeptes mit Multifunktionsgeräten,
den standardmäßigen Duplexdruck, die vermehrte Nutzung digitaler Kundenkommunika-
tion sowie die Vermeidung von unnötigen Ausdrucken wie Duplikaten etc.

2.3.4   Abfall

Um natürliche Ressourcen zu schonen und Emissionen zu vermindern oder zu vermeiden, handelt BNP Paribas auch im Bereich der Vermeidung, der Verwertung und Beseitigung von Abfällen. Im Jahr 2015 konnte beispielsweise die Quote des recycelten Abfalls im Vergleich zum Vorjahr 2014 von 38,9 % auf 44,9 % gesteigert werden. Die Bestrebungen der Gruppe in diesem Bereich zielen auf Mülltrennung, die wiederum Recycling ermöglicht. Zudem wird der Prozess durch die Zusammenarbeit mit spezialisierten Dienstleistern optimiert und vereinfacht. Die Vermeidung von Müll wird zum einen durch die Reduzierung des Papierverbrauchs erreicht und zum anderen durch Initiativen zur Wiederverwertung von Materialien. So werden Druckerpatronen wieder befüllt oder IT-Geräte aufgearbeitet, um nochmals genutzt zu werden – entweder im eigenen Unternehmen oder als Spende.

Nicht zuletzt tragen die eigenen Mitarbeiter durch ihr Verhalten zum Erreichen der Ziele von BNP Paribas bei. Nur wenn sie für die Auswirkungen eines umweltbewussten Verhaltens sensibilisiert sind, werden die Werte der Bankengruppe verinnerlicht, gelebt, nach außen getragen und weiterentwickelt. Aus diesem Grund hat BNP Paribas einfache Verhaltensregeln entwickelt, die jeder Mitarbeiter im Unternehmen anwenden soll (Abb. 2.2).

2.4   Selbstverpflichtungen und der Kampf gegen den Klimawandel

Die BNP Paribas Gruppe hat sich einem eigenen Verhaltenskodex, dem ‚Code of Conduct' verpflichtet. Dieser dient den Mitarbeitern als Leitfaden für alle Entscheidungen auf allen Ebenen der Organisation und ist die Basis für eine konsequent angewandte Werte-basierte Unternehmenskultur. Daneben ist BNP Paribas Unterzeichner, Mitglied, Mitwirkender oder Förderer von zahlreichen Initiativen, die ökologisch ausgerichtet sind oder ökologische Faktoren berücksichtigen. Dazu gehören beispielsweise:

- Global Compact der Vereinten Nationen – weltweit größte und wichtigste Initiative für verantwortungsvolle Unternehmensführung mit 10 universellen Prinzipien
- OECD-Leitsätze für multinationale Unternehmen
- Ziele der nachhaltigen Entwicklung der Vereinten Nationen (The United Nations Sustainable Development Goals)
- United Nations Environment Programme Finance Initiative (UNEP FI)
- Banking Environment Initiative (BEI)
- Carbon Disclosure Project (CDP) – Non-Profit-Organisation mit dem Ziel, dass Unternehmen und auch Kommunen ihre Umweltdaten wie klimaschädliche Treibhausgasemissionen und Wasserverbrauch veröffentlichen; im Jahr 2015 erhielt die BNP Paribas 99/100 Punkte (im Vergleich zu 95/100 aus dem Jahr 2014) für die Transparenz und Qualität der Berichterstattung zum Thema Treibhausgasemission
- The Institutional Investors Group on Climate Change (IIGCC)
- Runder Tisch für nachhaltiges Palmöl (Roundtable on Sustainable Palm Oil, RSPO)

Abb. 2.2 Leitfaden für umweltfreundliches Verhalten am Arbeitsplatz

BNP Paribas unterstützt darüber hinaus zahlreiche weitere Initiativen oder tritt Organisationen bei, die sich zu ökologischen Selbstverpflichtungen bekennen wie etwa dazu, die Erderwärmung auf weniger als 2 °C zu begrenzen. Um dies zu erreichen, hat sich BNP Paribas beispielsweise dazu entschieden, nicht mehr den Kohlebergbau zu finanzieren.

Ebenso werden Kohlekraftwerke nicht mehr finanziert. Zudem wird von Firmen, die Strom aus Kohle erzeugen, eine Diversifizierung der Energiegewinnung verlangt.

2.5 BNP Paribas als Multiplikator und Botschafter

BNP Paribas verpflichtet sich nicht nur in der Beratung der eigenen Kunden der Bekämpfung des Klimawandels, sondern wirkt auch als Botschafter und Katalysator der Gesellschaft an sich. Um etwa ein Bewusstsein und Aufmerksamkeit für die Energiewende zu schaffen, wurde im Jahr 2015 ein interaktives E-Book in englischer und französischer Sprache veröffentlicht. Anhand von fünf beispielhaften Unternehmen werden die Herausforderungen der Energiewende leicht verständlich erläutert und Hilfestellungen gegeben, wie jede Einzelperson auf dem Weg hin zu einer sicheren, umweltverträglichen und wirtschaftlich erfolgreichen Zukunft mitwirken kann. Das E-Book ist kostenfrei zum Download erhältlich für iPads, Android Tablets oder PCs:

https://group.bnpparibas/en/news/bnp-paribas-launches-e-book-energy-transition

Des Weiteren hat die Gruppe mit ihrer internationalen Stiftung, der Fondation BNP Paribas, die ‚Climate Initiative‘ ins Leben gerufen. Diese unterstützte 2010 und 2014 mit einem Budget von 6 Mio. € insgesamt 10 Projekte zur Klimaforschung. Die Ergebnisse wurden genutzt, um in der Öffentlichkeit ein Bewusstsein für die Auswirkungen des Klimawandels zu schaffen. Auf verschiedenen Veranstaltungen war es zudem möglich, mit den Wissenschaftlern in direkten Austausch zu treten (‚The Oceans 2015 Initiative‘, die Ausstellung ‚Climat, l'expo 360°‘ oder auch die Konferenz SOCLIM). Bisher wurden mit dem Programm international 70.000 Menschen erreicht.

Zudem unterstützte die Stiftung französische Wissenschaftler bei der ersten Crowdfunding-Kampagne, in deren Rahmen zwei Projekte finanziert wurden – ein Lehrprogramm für kanadische Schulkinder zur Eisschmelze sowie ein Roboter, der unter dem antarktischen Eis eingesetzt werden kann.

2.6 Klimaschutz nachhaltig gedacht: Neue Wege, neue Ziele

Der Weg zur Bekämpfung des Klimawandels und ressourcenschonendem sowie CO_2-armen Wirtschaften hin zur Energiewende ist noch lange nicht zu Ende. So hat sich auch BNP Paribas nach Erreichen der Ziele im Jahr 2015 für das Jahr 2020 neue ambitionierte Ziele gesetzt und arbeitet unentwegt darauf hin:

- Reduzierung der CO_2-Emissionen pro Mitarbeiter um 25 % gegenüber 2012
- Reduzierung des Papierverbrauchs pro Mitarbeiter um 30 % gegenüber 2012
- Erhöhung der Quote von Papier aus nachhaltiger Herstellung für die interne Nutzung auf 80 %
- Verdoppelung des Finanzierungsvolumens für den Sektor der erneuerbaren Energien auf 15 Mrd. €

- Tätigung von Investitionen in Start-ups, die mit innovativen Technologien zur Energie-wende beitragen, in Höhe von 100 Mio. €
- Verdoppelung der im Rahmen der ‚Climate Initative' erreichten Menschen auf 140.000 bis zum Jahr 2018

BNP Paribas nimmt auf vielfältige Weise die Verantwortung im ökologischen, aber auch ökonomischen und sozialen Bereich wahr, erneuert stets die Erwartungshaltung an das Unternehmen und seine Mitarbeiter, indem sie fortwährend neue langfristige Ziele defi-niert, und bindet dabei die beteiligten Stakeholder in Prozesse und Entwicklungen mit ein. Die eigene Handlungsweise wird ebenso wie die Zusammenarbeit mit Kunden stets unter nachhaltigen Gesichtspunkten betrachtet und entwickelt. BNP Paribas agiert dabei immer getreu ihrer Vision: ‚Die Bank für eine Welt im Wandel'.

BNP Paribas Gruppe Deutschland
Astrid Schülke
Manager Corporate Social Responsibility
Europa-Allee 12
60327 Frankfurt am Main
Tel.: 069/7197-1125
E-Mail: astrid.schuelke@bnpparibas.com

Energiemanagementsystem EcoStep Energie

3

Jürgen Hirsch

3.1 Grundlagen von EcoStep Energie

Das Land Hessen hat das Ziel, die Verwaltung bis zum Jahr 2030 CO_2-neutral zu stellen. Neben zahlreichen technischen Vorgaben und Projekten zur Erhöhung des Bewusstseins zu energieeffizientem Verhalten der Bediensteten wurde 2015 in sechs Dienststellen ein Energiemanagementsystem eingeführt. Das Pilotprojekt hat einen Zeitrahmen von Juli 2015 bis Juli 2016.

Das integrierte Managementsystem EcoStep wurde ab dem Jahr 2002 im Land Hessen entwickelt und durch das hessische Umweltministerium gefördert. 2014 wurde es um das Thema Energie erweitert.

Der Fokus liegt auf der Reduktion von Energieverbräuchen und -kosten durch strukturelles und systematisches Vorgehen. Die Grundlage dafür ist der Managementregelkreis PDCA

Plan: Ziel, bis 2030 die hessische Verwaltung neutral zu stellen
Do: Projekte planen und umsetzen
Check: Wirksamkeit der einzelnen Projekte bewerten
Act: Auf der Grundlage der Bewertung der Wirksamkeit weitere Maßnahmen festlegen und umsetzen (Abb. 3.1)

EcoStep Energie ist also keine reine Energieberatung. Ziel ist vielmehr die Verbesserung der Energieeffizienz in den Liegenschaften.

J. Hirsch
SIC Consulting GmbH, Vilbeler Landstr. 25, 60386, Frankfurt/Main, Deutschland
E-Mail: jhirsch@sicconsulting.de

© Springer Fachmedien Wiesbaden GmbH 2017
B. Weyland et al., *Energieeffizienz*, DOI 10.1007/978-3-658-17225-1_3

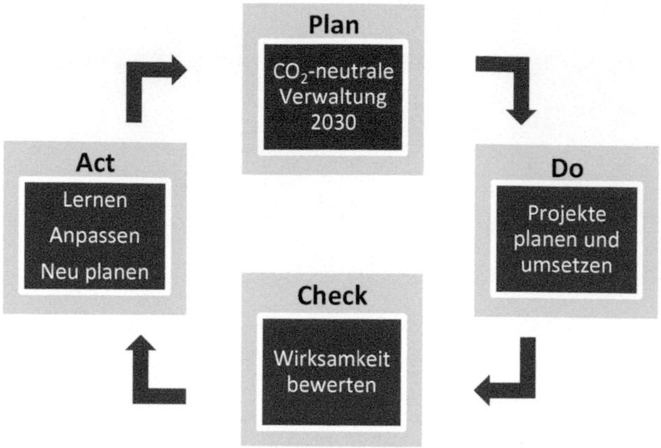

Abb. 3.1 PDCA

3.2 Die Ist-Analyse und deren Ergebnisse

Der erste Schritt war eine Ist-Analyse in den Liegenschaften, in der schnell ersichtlich wurde, dass für die notwendigen Prozesse für ein Energiemanagementsystem auch andere Organisationen bzw. die Schnittstellen zu diesen betrachtet werden müssen.

3.2.1 Ergebnisse in den Liegenschaften

In den sechs hessischen Liegenschaften wurde bei der Ist-Analyse festgestellt, dass die Nutzer, d. h. die Dienststellenleitung und die Mitarbeiterinnen und Mitarbeiter auf verschiedene Fragen naturgemäß keine konkrete Aussage machen konnten, z. B. bei folgenden Aspekten:

- Kenntnisse über die Verbräuche von Strom, Wärme und Wasser in ihrer Liegenschaft
- Zu Tendenzen der Verbräuche, z. B.
  - Größe der absoluten Verbräuche (Strom, Wärme, Wasser),
  - Tendenzen im Jahr (Januar bis Dezember),
  - Tendenzen der letzten Jahre und
- den Einfluss einzelner Verbraucher

Diese Befunde sind nicht überraschend, da der Schwerpunkt der Nutzer der Liegenschaften die Erfüllung der fachlichen Aufgaben der einzelnen Ressorts sind. Das Interesse an einer möglichen Verbesserung der Energieeffizienz konnte allerdings bei allen Beteiligten geweckt werden.

Die Verbräuche von Strom, Wärme und Wasser werden regelmäßig an das Competence Center Energie (CC Energie) des Landesbetriebs Bau und Immobilien Hessen (LBIH) gemeldet Daraus können in dem Datenbanksystem „Energie- und Medieninformationssystem (EMIS)" Tendenzen und Abweichungen von „normalen" Verbräuchen abgeleitet werden. Eine systematische Durchsprache der Verbräuche mit der Dienststellenleitung oder anderen Funktionen innerhalb der Liegenschaften findet aber derzeit nicht statt.

Anhand von so genannten Anlagenkarten der Liegenschaften konnten die Strom-Hauptverbraucher identifiziert werden. Mit Hilfe der Anschlussleistungen (in kW) und abgeschätzten Betriebsstunden wurden Stromverbräuche für bestimmte Anlagengruppen berechnet. Daraus ist eine Abschätzung möglich, ob alle Anlagen erfasst wurden und welches die Hauptverbraucher sind. Diese Vorgehensweise erwies sich mit einer maximalen Abweichung von ca. 10 % als ausreichend genau, was auch darauf zurückzuführen ist, dass die Haushandwerker oder die Beschäftigten externer TGM-Dienstleister (Technisches GebäudeManagement) über sehr gute Kenntnisse der Anlagentechnik verfügen.

Mit Hilfe dieser Erkenntnisse wurden Maßnahmen festgelegt, die innerhalb der Liegenschaften bearbeitet wurden. Dazu gehört auch die Erarbeitung von energetischen Leitlinien für die jeweilige Liegenschaft. Den Nutzern soll damit vermittelt werden, welche Verbräuche besonders hoch sind und wo die Eingriffsmöglichkeiten am größten sind (Abb. 3.2).

Um diese Vorgehensweise zu unterstützen wurden folgende Vorlagen im Rahmen des Pilotprojektes erstellt:

- Vorlage für die monatliche Erfassung der Verbräuche
  - Übersichtliche Darstellung der Monatswerte mit Grafiken in Ergänzung zu Informationen des EMIS-Systems
  - Vergleiche mit Vorjahren (Mittelwerte, Maxima, Minima)
  - Grundlage für eine zeitnahe Analyse und Bewertung
- Erfassung der Hauptverbraucher und Abschätzung von deren Verbräuchen
  - Grundlage ist die Anlagenkarte der Liegenschaft
  - Hauptverbraucher und daraus Schwerpunkte für Projekte können identifiziert werden
  - Einmalige Erfassung, Anpassung bei Investitionen
- Analyse der Lastkurven des Stromverbrauchs
  - Normalerweise möglich für Liegenschaften mit einem jährlichen Stromverbrauch größer 100.000 kWh
  - Analyse von automatisch startenden Verbrauchern und damit mögliche Beeinflussungen
  - Abschätzung des Verbrauchs, der durch die Nutzer selbst beeinflusst werden kann
  - Abgleich mit der Abschätzung der Hauptverbraucher
- To-Do-Listen zur Festlegung von Aufgaben
  - Wer macht was bis wann
  - Sicherstellung der kontinuierlichen Verbesserung
- Erfassung der schon umgesetzten Verbesserungen (kWh, €) und darauf aufbauend Festlegung von individuellen Zielen pro Liegenschaft
- Vorlage für das energetische Leitbild der Liegenschaft
  - Angepasst auf die Hauptverbraucher und die Einflussmöglichkeiten der Nutzer
  - Hinweise auf Besonderheiten der Liegenschaft
- Vorlage für die Bewertung des Energiemanagementsystems in der Liegenschaft

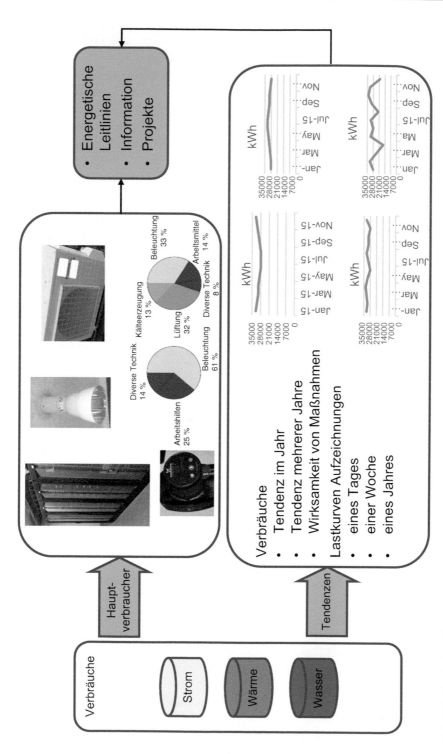

Abb. 3.2 Ergebnisse Liegenschaften

Diese Vorlagen wurden den Beschäftigten zur Verfügung gestellt und diskutiert. Der Aufwand für die monatliche Bewertung der Verbräuche (ca. 1 Stunden pro Monat) und der jährlichen Bewertung des Managementsystems (zwei Stunden) und der damit verbundene Nutzen sind für alle Teilnehmer des Pilotprojektes vertretbar.

3.2.2   Ergebnisse für bereichsübergreifende Prozesse

Durch eine sinnvolle Aufgabenverteilung innerhalb der hessischen Verwaltung sind unter anderem

- die Nutzer der Liegenschaft,
- die hausverwaltende Dienststelle,
- der Eigentümer der Liegenschaft bei LEO-Objekten,
- der Vermieter der Liegenschaft bei angemieteten Objekten,
- der Landesbetrieb Bau und Immobilien Hessen (LBIH),
- das Competence Center (CC Energie) des LBIH,
- externe TGM-Dienstleister (Technisches Gebäude-Management),
- externe Energiespar-Contractoren oder
- das Hessische Finanzministerium

an verschiedenen Prozessen innerhalb des Energiemanagementsystems beteiligt. Es wurden in der hessischen Landesverwaltung zahlreiche Instrumente eingeführt, um die Abläufe festzulegen und umzusetzen. Dies sind z.B.

- der Gemeinsame Runderlass betreffend Hinweise zum Energiemanagement in den Dienststellen des Landes (EMA-Hessen),
- die Richtlinie energieeffizientes Bauen und Sanieren des Landes Hessen nach § 9 Abs. 3 des Hessischen Energiegesetzes (HEG)
- die GA Bau (Geschäftsanweisung für den Staatlichen Hochbau des Landes Hessen),
- regelmäßige Baubegehungen zur Verbesserung der Energieeffizienz
- die Vergabeverordnung (VgV),
- die Installations-Richtlinien für die Kommunikations-Verkabelung (IRKOV),
- Beschaffungsrichtlinien und
- zahlreiche andere Leitfäden.

Bei der Umsetzung gibt es durch verschiedene vertragliche Vereinbarungen zahlreiche Schnittstellen zwischen den jeweiligen Beteiligten. Diese verschiedenen Konstellationen führen dazu, dass die Vorgaben nicht systematisch genug beachtet und umgesetzt werden. Diese Prozesse haben wesentlichen Einfluss auf die Energieeffizienz, da dort die technischen Voraussetzungen geschaffen werden, in welchem Maße die Nutzer zur Verringerung

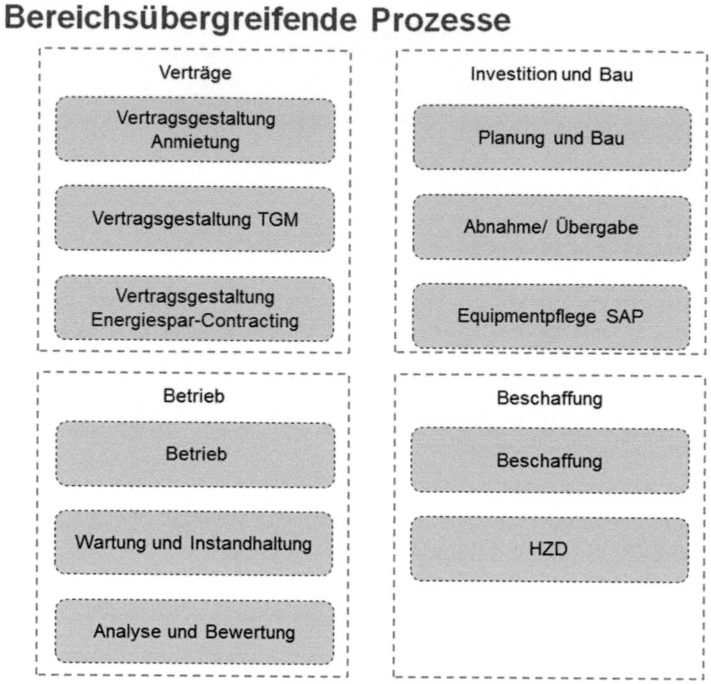

Bereichsübergreifende Prozesse

Abb. 3.3 Ergebnisse prozessübergreifende Prozesse

der Verbräuche beitragen können. Energieeffiziente Technik erhöht dabei die Wahrscheinlichkeit für geringe Verbräuche und kann das Nutzerverhalten positiv beeinflussen.

Die Prozesse können in die vier Bereiche:

- Verträge
- Investition und Bau
- Betrieb und
- Beschaffung

eingeteilt werden.

Die Übersicht im oberen Teil der Seite zeigt grob die identifizierten Prozesse, die innerhalb der hessischen Verwaltung und in der Zusammenarbeit mit externen Organisationen geregelt werden müssen, um dem Ziel der CO_2-neutralen Verwaltung systematisch näher zu kommen (Abb. 3.3).

3.2.3 Ergebnisse für die Universitäten

Der Energieverbrauch der fünf Universitäten des Landes Hessen,

- die Technische Universität Darmstadt,
- die Johann-Wolfgang-Goethe Universität Frankfurt am Main,
- die Justus-Liebig-Universität Gießen

- die Philipps Universität Marburg und
- die Universität Kassel

beträgt über 50 % des Gesamtenergieverbrauchs in den Liegenschaften der hessischen Verwaltung.

Im Rahmen des Pilotprojektes wurde für die Uni Marburg eine Prozesslandschaft erstellt, die beispielhaft für die anderen Hochschulen/Universitäten genutzt werden kann. Die Uni Marburg beteiligt sich noch an verschiedenen Projekten, in deren Verlauf die Prozesse festgelegt und Instrumente zur Umsetzung entwickelt werden.

Es gibt auch an allen anderen Universitäten und Hochschulen Mitarbeiterinnen und Mitarbeiter, die sich mit der Energieeffizienz auseinandersetzen. Teilweise werden Erfahrungen ausgetauscht, es gibt aber keine systematische Planung zwischen den Universitäten und/oder Hochschulen.

Die folgende Abbildung zeigt die Prozesse, die im Rahmen des Pilotprojektes als wesentlich für die Steuerung der Energieverbräuche identifiziert wurden. Sie sind eine Diskussionsgrundlage für die Ist-Analyse und Einführung eines Energie-Managementsystems an den hessischen Universitäten (Abb. 3.4).

3.2.4 Überarbeitung des EMA Hessen

Der Runderlass EMA Hessen (Gemeinsamer Runderlass Hinweise zum Energiemanagement in den Dienststellen des Landes (EMA-Hessen) vom 10.03.2014) ist die Grundlage für die Einführung des Energiemanagementsystems in den hessischen Liegenschaften. In der Ist-Analyse wurde ersichtlich, dass noch nicht alle Aspekte ausreichend berücksichtigt worden sind. Er wurde im Rahmen des Pilotprojektes überarbeitet.

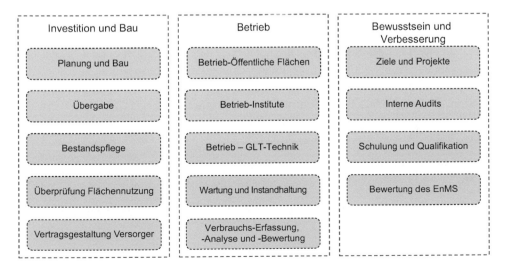

Abb. 3.4 Ergebnisse Universitäten

Im Entwurf sind die Verantwortlichkeiten eindeutig geregelt worden. Als Energiebe-
auftragte/r wird für die Liegenschaften, die im Verantwortungsbereich des LBIH liegen,
der/die Objektleiter/in benannt.

Die Leitung der Dienststellen ist für eine sachgerechte und wirtschaftliche Energiever-
wendung verantwortlich und stellt sicher, dass:

- Ein/e Koordinator/in für Energiefragen benannt wird,
- Einfluss auf das Nutzerverhalten genommen wird,
- eine Verbrauchserfassung gemäß Anlage 2 der EMA Hessen durchgeführt wird,
- eine Bewertung der Verbräuche in der Liegenschaft erfolgt.

Die Dienststellenleitung wird dabei durch das Energiemanagementsystem des Landes
Hessen unterstützt, z. B.

- durch die Energiebeauftragten des LBIH,
- die in der EMA Hessen genannten Vorlagen wie die Verbrauchsauswertungen aus EMIS
  oder Formblätter für die Bewertung der Entwicklung des Energiemanagementsystems.
- oder Flyer und Informationsmaterial für die interne Kommunikation.

Der überarbeitete Entwurf wird in der nächsten Zeit durch die Ressorts bewertet und Vorschläge für weitere Verbesserungen zusammengetragen.

3.3   Weiterführung und Planungen 2016–2018

Auf der Grundlage der Ergebnisse der Ist-Analyse wurden Ansatzpunkte für die Weiterführung des Projektes EcoStep Energie entwickelt. Ein wichtiger Aspekt dabei ist die
Verteilung des Verbrauchs in den Liegenschaften des Landes Hessen. Insgesamt werden
im EMIS des CC Energie 540 Liegenschaften verwaltet, Universitäten sind nicht darin
enthalten. Wird nur der Stromverbrauch betrachtet, wird von 27 Liegenschaft über 50 %
des gesamten Stroms verbraucht, 83 Liegenschaften verbrauchen zusammen 80 % des
Gesamtstromverbrauchs (Tab. 3.1).

Sinnvoll ist es im nächsten Schritt, die Liegenschaften mit den höchsten Verbräuchen zu identifizieren und das Energiemanagementsystem einzuführen. Außerdem ist

Tab. 3.1 Zusammenstellung der Anzahl der Liegenschaften nach Kategorien des Gesamtstromverbrauchs der hessischen Liegenschaften

Liegenschaften gesamt	540
50 % Gesamtstromverbrauch	27
80 % Gesamtstromverbrauch	83
Verbrauch > 1.000.000 kWh	50
>250.000 kWh	111
<100.000 kWh	342

bei den bereichsübergreifenden Prozessen der Fokus auf diese Großverbraucher auszurichten, dabei aber die Einbeziehung der anderen Liegenschaften nicht zu vergessen.

3.3.1 Planungen für die Liegenschaften

Aus diesem Grund ist geplant, in der nächsten Phase die Ergebnisse des Pilotprojektes auf 15 andere Liegenschaften zu übertragen. Dies sind:

- Alle noch fehlenden Ministerien (Umwelt, Justiz, Sozial, Kultus),
- die hessische Staatskanzlei,
- Liegenschaften mit mittlerem Energieverbrauch (welche Instrumente sind sinnvoll einsetzbar),
- Liegenschaften mit niedrigem Energieverbrauch,
- Eigenverantwortliche Liegenschaften (z. B. Hessen Forst, Theater und Museen, welche organisatorischen Abweichungen gibt es zu den Liegenschaften, die vom LBIH verwaltet werden).

Dabei sollen die im Pilotprojekt entwickelten Instrumente auf Anwendbarkeit überprüft werden und weitere Erkenntnisse für Liegenschaften mit niedrigeren Verbräuchen sowie eigenverantwortlich handelnde zu erhalten.

3.3.2 Planungen für den LBIH

Der LBIH ist durch die Verknüpfung zu zahlreichen anderen Organisationen entscheidend, um energetische Aspekte ausreichend zu berücksichtigen. Im Rahmen von Prozessanalysen und Festlegung von Standardabläufen werden Workshops durchgeführt, deren Ziel die Klärung von Verantwortlichkeiten, Schnittstellen, zu verwendenden Instrumenten, mit geltenden Unterlagen und Vorgaben sowie Zeiten für die Durchführung und Erledigung sind.

Folgende Workshopthemen sind sinnvoll:

- Grundlagen und Ziele
- Vertragsgestaltung Anmietung und GTM (Gebäudetechnisches Management)
- Planung und Bau (EE-RL (Erneuerbaren-Energien-Richtlinie), GA Bau (Geschäftsanweisung Bau) usw.), Abnahme/Übergabe
- Equipmentpflege SAP
- Betrieb (Umsetzung EMA), Wartung und Instandhaltung (EE-RL, GA Bau usw.)
- Analyse und Bewertung
- Interne Audits, Managementbewertung, KVP-Prozess (Kontinuierlicher Verbesserungsprozess) (wer nimmt welche Funktion wahr und wie werden die Ergebnisse aggregiert und kommuniziert)

Durch die Standardisierung der Abläufe soll die Wahrscheinlichkeit erhöht werden, dass in allen Liegenschaften des Landes Hessen energetische Aspekte berücksichtigt und die Energieeffizienz gesteigert wird.

3.3.3 Planungen für die Universitäten

Es ist geplant, im Jahr 2017 an allen Universitäten eine Ist-Analyse bezüglich des Energiemanagementsystems durchzuführen. Daraus können dann Maßnahmen für die jeweilige Universität und Vorschläge für gemeinsame Regelungen festgelegt werden. Dabei ist es auch wichtig, die HIS-HE (Institut für Hochschulentwicklung e. V.) mit einzubeziehen, das selbst auch schon Projekte zum Thema Energieeffizienz durchgeführt hat und weitere plant.

Ziel für die Universitäten und Hochschulen ist die Einführung eines funktionierenden Energiemanagementsystems. Da durch die Forschungsschwerpunkte an den Einrichtungen ganz unterschiedliche Voraussetzungen herrschen und auch zukünftige Verbräuche, z. B. durch Neuberufungen von Professuren nicht vorhersagbar sind, sind Ziele zur Energieeffizienz schwierig festzulegen. Der Schwerpunkt liegt auf der Steuerung der Prozesse, so dass alle Ansatzpunkte zur Verbesserung der Energieeffizienz schon bei Planungen in den Einrichtungen berücksichtigt werden. Dadurch sollen später auch Aussagen zu den Einsparungen möglich sein.

3.3.4 Weitere Ansatzpunkte

Neben dem Pilotprojekt EcoStep Energie gibt es noch weitere Instrumente und Projekte, die im Land Hessen dem Ziel dienen die hessische Verwaltung bis 2030 CO_2-neutral zu stellen. Dazu gehören z. B.:

- die interministerielle Arbeitsgruppe „Betriebliches Mobilitätsmanagement",
- die Schulung der Haushandwerker und Objektleiter des LBIH zu energetischen Aspekten,
- die Nachhaltige Beschaffung,
- die Berücksichtigung der Ziele der hessischen Landesverwaltung.

Diese Aspekte werden ebenso bei der Weiterführung berücksichtigt und in die Prozesse eingebunden.

3.4 Zusammenfassung

Das Pilotprojekt „EcoSte Energie" hat gezeigt, dass die Voraussetzung für die Einführung eines Energiemanagementsystems in den hessischen Liegenschaften vorhanden ist. Durch die Verbesserung der Schnittstellen und der Kommunikation der beteiligten Funktionen innerhalb der hessischen Landesverwaltung können die Prozesse aber noch verbessert werden. Dadurch wird sichergestellt, dass

- die Liegenschaften die Potenziale zur Verbesserung ihrer Liegenschaft kennen und Maßnahmen planen und umsetzen können,
- bei allen Planungen zur Bauerhaltung energetische Aspekte berücksichtigt werden und die Wirksamkeit der Maßnahmen überprüft wird und
- bei Investitionen auf der Grundlage von Amortisationsrechnungen technisch sinnvolle Lösungen zur Verbesserung der Energieeffizienz getroffen werden.

Weitere Infos unter:
http://co2.hessen-nachhaltig.de/de/energiemanagementsystem.html
Dr. Jürgen Hirsch
SIC CONSULTING GmbH
Vilbeler Landstr. 25
60386 Frankfurt
Telefon +49 (69) 414 510
Telefax +49 (69) 410 460
jhirsch@sicconsulting.de
www.sicconsulting.de

Erfahrungen aus den Energieaudits gemäß DIN 16247

4

Jürgen Bruder

Energieeffizienz ist nach wie vor ein wichtiges Thema in der Europäischen Union. In der jüngsten Entschließung des EU-Parlamentes zur Energieeffizienzrichtlinie sehen die Abgeordneten mit „bereichsübergreifende Maßnahmen" den größten Hebel, um Energie einzusparen. 44 % sollen bereichsübergreifende Maßnahmen bringen, gefolgt von den Bereichen Gebäude (42 %), Industrie (8 %) und Verkehr (6 %). Das zeigt, wie wichtig die sinnvolle Integration von Einzelmaßnahmen zur Energieeffizienz etwa für das Energiemanagement von Unternehmen ist.

4.1   Der rechtliche Rahmen

Die Richtlinie 2012/27/EU zur Energieeffizienz (EnEff-RL), oder auch Energieeffizienz-Richtlinie genannt, ist ein wesentlicher Teil des Rechtes zum Thema Energie in der Europäischen Union. Sie ist zugleich Vorgabe für entsprechende Normen in den Unionsmitgliedstaaten. Die Hauptziele der EnEff-RL sind:

- Festlegung nationaler Energieeffizienzziele für das Jahr 2020
- Sanierungsrate für Gebäude der Zentralregierung von 3 % pro Jahr
- verpflichtende Energieeinsparung der Mitgliedstaaten im Zeitraum 2014 bis 2020 von jährlich durchschnittlich 1,5 %
- Kraft-Wärme-Kopplung: verpflichtende Durchführung einer Kosten-Nutzen-Analyse bei Neubau oder Modernisierung von Kraftwerken und Industrieanlagen.

J. Bruder
TÜV Hessen, Rüdesheimer Str. 119, Darmstadt, Deutschland
E-Mail: Juergen.Bruder@tuevhessen.de

© Springer Fachmedien Wiesbaden GmbH 2017
B. Weyland et al., *Energieeffizienz*, DOI 10.1007/978-3-658-17225-1_4

Ausdrücklich genannt wird in der EnEff-RL

- die verpflichtende Durchführung regelmäßiger Energieaudits in großen Unternehmen.

In Deutschland wurde mit dem „Gesetz zur Teilumsetzung der Energieeffizienz-Richtlinie" vom 15. April 2015 das „Gesetz über Energiedienstleistungen und andere Energieeffizienzmaßnahmen" (EDL-G) aus dem Jahr 2010 entsprechend der EU-Richtlinie revidiert. Gemäß §§ 8 ff des EDL-G sind nunmehr große Unternehmen verpflichtet (erstmals bis zum 5. Dezember 2015) regelmäßig alle vier Jahre ein Energieaudit durchzuführen.

Zu den großen Unternehmen zählen alle Unternehmen und verbundenen Unternehmen mit mindestens 250 Mitarbeitern, einem Jahresumsatz von mehr als 50 Mio. € oder einer Jahresbilanzsumme von mehr als 43 Mio. €. Nicht nur produzierende Betriebe sind angesprochen, sondern auch Großbanken und Kreditinstitute, Handelsbetriebe und Filialisten, Versicherungen, Reiseanbieter, Krankenhäuser, Mobilfunkanbieter, Verkehrsbetriebe, Hotelketten usw.

Das Energieaudit muss den Anforderungen der DIN EN 16247 entsprechen und auf aktuellen Betriebsdaten basieren. Von der Pflicht befreit sind Unternehmen, die bereits ein Energiemanagement- oder Umweltmanagementsystem eingerichtet haben, das den Anforderungen der DIN EN ISO 50001 entspricht.

Das Energieaudit muss unabhängig durchgeführt werden. Das bedeutet: Die zuständige Person muss das Unternehmen hersteller-, anbieter- und vertriebsneutral beraten. Wird das Audit von einer Person innerhalb des Unternehmens durchgeführt, so darf sie nicht direkt an der Tätigkeit beteiligt sein, die einem Energieaudit unterzogen wird.

Das Audit muss praktisch alle Energieströme im Unternehmen erfassen und den Verursachern zuordnen. Auch Transportprozesse und die Gebäude sind zu berücksichtigen.

Die Kontrolle über die Erfüllung dieser Verpflichtung erfolgt durch das Bundesamt für Wirtschaft und Ausfuhrkontrolle (BAFA).

4.2   Energieaudit – DIN EN 16247

Um Energiemanagement intensiver und wirkungsvoller zu betreiben, kommt der Durchführung eines Energieaudits nach DIN EN 16247 eine immer größer werdende Bedeutung zu. Die Norm legt die Qualitätsanforderungen sowie die Vorgehensweise eines qualitativ guten Energieauditprozesses fest.

Ein Energieaudit gemäß DIN EN 16247 ist eine systematische Inspektion und Analyse des Energieeinsatzes und des Energieverbrauchs einer Anlage, eines Gebäudes, eines Systems oder einer Organisation. Das Ziel ist, Energieflüsse und das Potenzial für Energieeffizienzverbesserungen zu identifizieren und entsprechende Maßnahmen daraus abzuleiten.

In einem weiteren Schritt werden diese Maßnahmen durch Investitions-/Wirtschaftlichkeitsberechnungen monetär bewertet, so dass Unternehmen im Ergebnis auf einen Blick erfassen können, welche Investitionen sich in welchem Zeitraum rechnen.

Eine grobe Übersicht zum Auditprozess ist im Folgenden dargestellt:

- **Einleitender Kontakt**
  Die Rahmenbedingungen des Audits sind festzulegen. Insbesondere sind die Ziele und Erwartungen zu bestimmen sowie die Kriterien, an denen Energieeffizienzmaßnahmen gemessen werden sollen.
- **Auftakt-Besprechung**
  Die zu liefernden Daten, Anforderungen an Messungen und Vorgehensweisen für die Installation von Messausrüstungen sind zu erläutern. Ferner ist die die praktische Durchführung des Energieaudits zu klären.
- **Datenerfassung**
  Die Informationen und Daten sind zu erfassen, z. B. über die Energie verbrauchenden Systeme, Prozesse und Einrichtungen und die quantifizierbaren Parameter, die den Energieverbrauch beeinflussen. Vorherige Untersuchungen im Unternehmen in Bezug auf Energie und Energieeffizienz sowie Energietarife, aber auch Konstruktions-, Betriebs- und Wartungsdokumente und relevante Wirtschaftsdaten sind hier zu berücksichtigen.
- **Außeneinsatz**
  Zu prüfende Objekte sind zu begehen, um den Energieeinsatz zu evaluieren und Bereiche und Prozesse zu ermitteln, wo zusätzliche Daten benötigt werden. Arbeitsabläufe sowie das Nutzerverhalten und ihr Einfluss auf den Energieverbrauch und die Effizienz sind zu untersuchen. Auf dieser Basis werden erste Verbesserungsvorschläge generiert. Sicherzustellen ist, dass Messungen unter realen Bedingungen stattfinden und verlässlich sind.
- **Analyse**
  In dieser Phase wird für die bestehende Situation die energiebezogene Leistung ermittelt. Eine Aufschlüsselung des Energieverbrauchs auf der Verbrauchs- und Versorgungsseite soll stattfinden. Darauf aufbauend können Ansätze zur Verbesserung der Energieeffizienz angeleitet werden. Sie sind nach festgelegten Kriterien zu bewerten. Die Zuverlässigkeit der Daten, die angewandten Berechnungsmethoden sowie die getroffenen Annahmen sind aufzuzeigen.
- **Bericht**
  Der Bericht zum Energieaudit muss transparent, schlüssig und nachvollziehbar sein. Er enthält eine Zusammenfassung, allgemeine Informationen zum Hintergrund, die Dokumentation der Energieberatung und eine Liste der Möglichkeiten zur Verbesserung der Energieeffizienz mit
  – Empfehlungen und Plänen zur Umsetzung
  – Annahmen, die für die Berechnung der Einsparungen verwendet wurden
  – Informationen über anwendbare Zuschüsse und Beihilfen
  – geeigneter Wirtschaftlichkeitsanalyse
  – Vorschlägen für Mess- und Nachweisverfahren für eine Abschätzung der Einsparung nach der Umsetzung der empfohlenen Maßnahmen

– möglichen Wechselwirkungen mit anderen vorgeschlagenen Empfehlungen und
– Schlussfolgerungen.
• **Abschlussbesprechung**
In der abschließenden Besprechung werden die Ergebnisse präsentiert, bei Bedarf
erklärt sowie der Bericht übergeben.

Das Energieaudit muss auf aktuellen, kontinuierlich oder zeitweise gemessenen, belegba-
ren Betriebsdaten zum Energieverbrauch und zu den Lastprofilen basieren. Reine Energiekosten können nicht als Grundlage für die Bestimmung des Energieverbrauchs herangezogen
werden.

Die für das Energieaudit verwendeten Daten müssen vom Auditor dem Unternehmen
in einer Weise übermittelt werden, die es ihm ermöglicht, die Daten für historische Ana-
lysen und für die Rückverfolgung der Leistung aufzubewahren.

4.3   Erfahrungen bei TÜV Hessen aus Energieaudits

TÜV Hessen hat vor diesem Hintergrund bis zur Berichterstattung beim 9. CO_2-
Lernnetzwerktreffen insgesamt 48 Energieaudits durchgeführt; Das Branchenspektrum
der Unternehmen ist breit gefächert:
Aus dem Dienstleistungssektor waren es die Branchen:

• IT Software und Service (3)
• Energieversorger (1)
• Finanzdienstleister einschl. Banken und Versicherungen (7)
• Wohnungsbau (2)
• Personaldienstleister/Reinigungswesen (7)
• Handel (8)
• Gesundheits- und Sozialwesen (6)
• Reiseunternehmen (3)
• Sport (1)

Aus dem Sektor Industrie waren es die Branchen:

• Lebensmittel (1)
• Automobilzulieferer (3)
• Elektronik und Mess-/Steuer-/Regeltechnik – MSR (3)
• Anlagenbau/Metallgießerei (2)
• Chemie/Pharma (1)

Diese Vielfalt an unterschiedlichen Unternehmen ermöglicht es, hier allgemein gültige
Erfahrungen aus den Energieaudits darstellen zu können, s. Abb. 4.1

Branche	gesamt
Dienstleister:	
IT Software und Service	3
Energieversorger	1
Finanzdienstleister einschl. Banken und Versicherungen	7
Wohnungsbau	2
Personaldienstleister / Reinigungswesen	7
Handel	8
Gesundheits und Sozialwesen	6
Reiseunternehmen	3
Sport	1
Industrie:	
Lebensmittel	1
Automobilzulieferer	3
Elektronik und Mess/Steuer/Regeltechnik (MSR)	3
Anlagenbau / Metallgießerei	2
Chemie / Pharma	1
Summen	48

Abb. 4.1 Durchgeführte Energieaudits

4.4   Hauptsächliches Einsparpotenzial über alle Branchen

Vier Themenfelder mit hohem Einsparpotenzial fallen besonders auf (s. hierzu auch
Abb. 4.2 und 4.3).

- **Beleuchtung**
  Einsparpotenziale werden durch den Einsatz von intelligenten und energieeffizienten
  Beleuchtungssystemen erreicht: LED-Technik hat an Qualität, Lebensdauer und günstigen Preisen in den letzten Jahren erheblich zugelegt. Hinzu kommt der Einsatz von
  Sensorik für Anwesenheit und Tageslicht.
- **IT-Technik**
  Standby-Verluste von Druckern, Kopierern, PCs und Monitoren lassen sich mit wenig
  Aufwand erheblich verringern. Dennoch macht der Standby oft in Summe den größeren Teil des Verbrauchs aus.
- **Klimaanlage im Serverraum**
  Sie sollte energetisch optimiert betrieben werden. Meistens sind die Klimaanlagen zu
  niedrig eingestellt. Heutzutage sind in der Regel Temperaturen von ca. 22 °C–26 °C
  auch für Serverräume ausreichend.
- **Energie Controlling System**
  Zur regelmäßigen Überprüfung der Gesamtentwicklung der Energieverbräuche im Unternehmen empfiehlt sich ein systematisches Benchmarking über ausgewählte Energiekennzahlen in festgelegten Zeitabständen. Geeignet sind hier monatliche, viertel-jährliche,
  oder zumindest jährliche Vergleiche der ausgewählten Energiekennzahlen – idealerweise
  mit Aufteilung in Wärme- und Stromverbrauch.

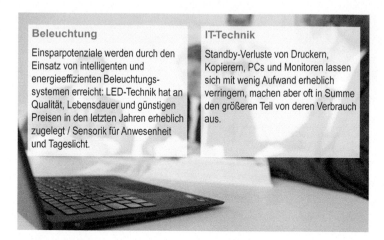

Beleuchtung

Einsparpotenziale werden durch den Einsatz von intelligenten und energieeffizienten Beleuchtungs-systemen erreicht: LED-Technik hat an Qualität, Lebensdauer und günstigen Preisen in den letzten Jahren erheblich zugelegt / Sensorik für Anwesenheit und Tageslicht.

IT-Technik

Standby-Verluste von Druckern, Kopierern, PCs und Monitoren lassen sich mit wenig Aufwand erheblich verringern, machen aber oft in Summe den größeren Teil von deren Verbrauch aus.

Abb. 4.2   Hauptsächliches Einsparpotenzial Beleuchtung/IT-Technik

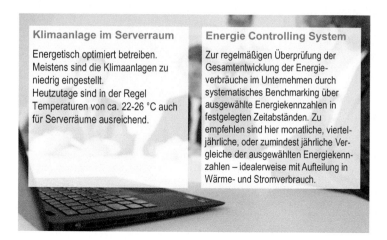

Klimaanlage im Serverraum

Energetisch optimiert betreiben. Meistens sind die Klimaanlagen zu niedrig eingestellt.
Heutzutage sind in der Regel Temperaturen von ca. 22-26 °C auch für Serverräume ausreichend.

Energie Controlling System

Zur regelmäßigen Überprüfung der Gesamtentwicklung der Energie-verbräuche im Unternehmen durch systematisches Benchmarking über ausgewählte Energiekennzahlen in festgelegten Zeitabständen. Zu empfehlen sind hier monatliche, viertel-jährliche, oder zumindest jährliche Ver-gleiche der ausgewählten Energiekenn-zahlen – idealerweise mit Aufteilung in Wärme- und Stromverbrauch.

Abb. 4.3   Hauptsächliches Einsparpotenzial Serverraum/Energie Controlling System

4.5   Hauptsächliche Einsparpotenziale bei selbst genutzten und betriebenen Gebäuden

Bei selbst genutzten und betriebenen Gebäuden sind drei Themenfelder mit hohem Energieeinsparpotenzial vorhanden:

- In der **Heizungstechnik** können die folgenden Maßnahmen wesentliche Effekt beisteuern:
    - vor allem eine optimierte Hydraulik und Regelungstechnik
    - besser angepasste Temperaturniveaus

- – effizientere Pumpen
- – die Brennwertnutzung
  die Abwärmenutzung und
- – die Dämmung aller Rohrleitungen und Armaturen, um Energieverluste zu vermeiden
- Mit effizienter **Lüftungs- und Klimatechnik** lässt sich vieles erreichen, etwa mit
  - – effizienteren Ventilatoren
  - – bedarfsabhängiger Regelung
  - – effizienterer Kälteerzeugung
  - – Abwärmenutzung aus der Kälteerzeugung
  - – Verringerung der Kühllasten
  - – Verbesserung der Luftführung z. B. in Serverräumen und
  - – regelmäßiger Reinigung der Filter der Luftansaugung
- Nicht zuletzt sind Verbesserungen an der **Gebäudehülle** erwägenswert wie etwa
  - – beim Sonnenschutz
  - – mit besserer Verglasung
  - – mit besserer Fassadendämmung

Weitere Möglichkeiten zum Sparen in einzelnen Branchen

Bei den Energieaudits sind noch weitere Sparmöglichkeiten aufgefallen, die zwar nicht überall aber doch in einzelnen Branchen eine Rolle spielen können (Abb. 4.4):

Abb. 4.4 Weitere Möglichkeiten zum Sparen

- Dort wo **Drucklufttechnik** zum Einsatz kommt, ist es sinnvoll
  - Leckagen zu reduzieren
  - Teilstränge bei Nicht-Bedarf abzusperren
  - Abwärmenutzung aus Kompressoren zu nutzen
  - sofern möglich, elektrische Antriebe statt pneumatische Antriebe einzusetzen
- Im **Fuhrpark** sollten kleinere und sparsamere Fahrzeuge und ggf. auch Elektrofahrzeuge eingesetzt werden.
- Bei **Schwimmbädern** ist die verstärkte Nutzung von Schwimmbecken-Abdeckungen bei Nichtbenutzung angezeigt.
- Auch in der **Kühlraumtechnik** empfiehlt sich die verstärkte Nutzung der Energie aus Abwärme.

4.6   Fazit

Das Energieaudit ist ein wichtiger Schritt, um eigene Energieströme transparent zu machen und daraus Energieeffizienzpotenziale – und somit Energieeinsparpotenziale – zu erreichen bzw. umzusetzen. Sie haben sich überwiegend als ein Erfolg für das Thema Energieeffizienz sowie Energiekosten-Reduzierung im unternehmerischen Umfeld herausgestellt (Abb. 4.5).

Infos unter www.tuev-hessen.de/energieeffizienz
TÜV Technische Überwachung Hessen GmbH
Jürgen Bruder (Dipl.-Ing. F.H.)
Mitglied der Geschäftsleitung
Rüdesheimer Str. 119
64285 Darmstadt
Tel.: +49(0)6151/600-150
Fax: +49(0)6151/600-323
juergen.bruder@tuevhessen.de

Abb. 4.5 Energieaudits

Die Energieaudits nach DIN 16247 sind überwiegend ein Erfolg für das Thema Energieeffizienz.

4.7   TÜV Hessen – Zukunft Gewissheit geben

TÜV Technische Überwachung Hessen GmbH (TÜV Hessen) ist eine international tätige Dienstleistungsgesellschaft mit Sitz in Darmstadt. TÜV Hessen steht für die Sicherheit und Zukunftsfähigkeit von Produkten, Anlagen und Dienstleistungen und das sichere Miteinander von Mensch, Technik und Umwelt. Bei technischen Prüfungen und Zertifizierungen ist TÜV Hessen Marktführer in Hessen, aber auch deutschlandweit gefragt und international erfolgreich. TÜV Hessen hat mehr als 60 Standorte in Hessen, Niederlassungen in vier weiteren Bundesländern und Partnerunternehmen auf drei Kontinenten.

Als einer nachhaltigen Unternehmenskultur verpflichteter Arbeitgeber übernimmt TÜV Hessen in vielfältiger Form Verantwortung für Menschen, Gesellschaft und Umwelt. In den Geschäftsbereichen Auto Service, Industrie Service, Real Estate, Life Service und Managementsysteme erbringen rund 1300 Mitarbeiter über 220 TÜV®-Dienstleistungen für Unternehmen und Privatkunden. TÜV Hessen ist eine Beteiligungsgesellschaft der TÜV SÜD AG (55 %) sowie des Landes Hessen (45 %) und erwirtschaftete im Jahr 2016 einen Umsatz von rund 128 Mio. €.

Nachhaltigkeit gestalten – Die große Transformation erfordert neue Kompetenzen

Hannes Utikal

Der Weg zu einer nachhaltigen Wirtschaft und Gesellschaft ist weit. Deshalb bedarf es einer großen Transformation, die allerdings im Kleinen beginnt: Mit Nischeninnovationen, auf lokaler und regionaler Ebene – und bei dem einzelnen Akteur in Wirtschaft, Wissenschaft und Gesellschaft. Doch um ein ganzes Wirtschaftssystem zu transformieren, brauchen diese Akteure neue Kompetenzen, die bislang nicht im Fokus der traditionellen Forschung und Qualifizierung lagen. Diese Transformationskompetenzen umfassen die Fähigkeit zur Analyse und Gestaltung von Systemen, den Aufbau und das Management von branchen- und disziplinenübergreifendenden Netzwerken sowie den effektiven Umgang mit Mehrdeutigkeit. Verfügen die Akteure über diese Kompetenzen, dann können sie sowohl die gesellschaftliche Transformation befördern als auch ihre eigenen Ziele in diesem Prozess erreichen.

5.1 Einleitung

Die große Transformation zur Nachhaltigkeit ist als Thema im „mainstream" der wissenschaftlichen und öffentlichen Debatte angelangt. Und dies zu Recht. Denn die Folgen des Klimawandels halten die Welt in Atem, zum Beispiel in Form von Überschwemmungen, Wirbelstürmen, Hitzewellen und Dürren. Der Klimawandel ist jedoch nicht nur ein Thema mit ökologischer Dimension, sondern geht weit darüber hinaus: Er führt weltweit zu sozialen Unruhen und untergräbt ökonomischen Fortschritt und gesellschaftliche Entwicklung.

H. Utikal
Leiter des Zentrums für Industrie und Nachhaltigkeit, Provadis School of
International Management and Technology AG, Industriepark Höchst,
65926 Frankfurt/Main, Deutschland
E-Mail: hannes.utikal@provadis-hochschule.de

© Springer Fachmedien Wiesbaden GmbH 2017
B. Weyland et al., *Energieeffizienz*, DOI 10.1007/978-3-658-17225-1_5

Die globalen Umwelt- und Entwicklungsprobleme können nur durch eine grundle-
gende Transformation in Richtung Nachhaltigkeit bewältigt werden. Doch aufgrund der
großen Komplexität, die sich aus verschiedenen Akteuren, Rahmenbedingungen und
Vorgehensweisen ergibt, muss die große Transformation als Summe kleinerer Projekte
durchgeführt werden und somit die Menge an Maßnahmen auf Mikroebene ein großes
Bild auf Makroebene ergeben. Auf dem Weg zu einer großen Transformation in Richtung
Nachhaltigkeit müssen neue Strukturen auf den Ebenen von Wirtschaft und Gesellschaft
geschaffen, müssen branchenübergreifende Kooperationen intensiviert, müssen neue
Kompetenzen vermittelt und müssen daraus systemische Innovationen initiiert werden.

Dieser Aufsatz geht im wesentlichen der Frage nach, welches die zentralen Herausforderungen und welches die wichtigsten Erfolgsfaktoren auf dem Weg zu einem nachhaltigen Wirtschaften sind und zeigt am Beispiel der Stadt Frankfurt, mit welchen Maßnahmen
und mithilfe welcher Projekte auf der regionalen und kommunalen Ebene Erfolge erzielt
werden können, die einen Teil zum großen Ganzen beitragen Dabei soll ein besonderer
Fokus darauf liegen, inwieweit dieser Wandel neuer Kompetenzen und neuer Denkweisen
bei einzelnen Akteuren bedarf und wie diese herausgebildet werden können.

5.2   Die große Transformation zur Nachhaltigkeit – Was sie bringt, was sie bedeutet

Unter der „Großen Transformation" ist die weltweite Veränderung von Wirtschaft und
Gesellschaft in Richtung Nachhaltigkeit zu verstehen.[1] In den vergangenen Jahren haben
sich einige Rahmenbedingungen herausgebildet, die eine solche Transformation begünstigen.

So wurden beispielsweise, begünstigt durch die Globalisierung der Wirtschaft und durch
die Beschleunigung des weltweiten Wissensaustausches, bereits Technologien entwickelt,
die eine globale Energieversorgung auf Basis erneuerbarer Energiequellen innerhalb der
kommenden Jahrzehnte theoretisch möglich machen, die ein klimaverträgliches Wachstum
der entstehenden Megacities oder eine klimaverträgliche Landwirtschaft ermöglichen.

Ein weiterer wesentlicher begünstigender Faktor zugunsten der Nachhaltigkeitstransformation ist der gesellschaftliche Wertewandel. Weltweit nimmt der Schutz des natürlichen Lebensraumes wachsende Bedeutung ein. Der Gedanke, dass die Ressourcen der
Erde endlich sind und dass Politik, Wirtschaft und Gesellschaft in ihrem Denken und
Handeln in der Gegenwart Weichenstellungen treffen müssen, um künftigen Generationen
ein lebenswertes Umfeld zu garantieren, nimmt in den Werten der Menschen eine immer
wichtigere Rolle ein.

Gleichzeitig entwickeln sich die sogenannten Pioniere des Wandels, sei es Nichtregie-
rungsorganisationen, Regierungen, globale Unternehmen oder einzelne Personen, die
konkrete Optionen für die große Transformation testen und somit einen wesentlichen
Beitrag dazu leisten, neue Leitbilder für eine nachhaltige Gesellschaft zu etablieren,
zunehmend von reinen Nischenakteuren zu Agenda-Settern und Meinungsführern.

---

[1] Vgl. WBGU (2011), Factsheet Transformation zur Nachhaltigkeit, Seite 1.

Dennoch stecken hinter einer großen Transformation auch gewaltige Herausforderungen. Im Kern der Blockaden, die überwunden werden müssen, steht die Tatsache, dass Wirtschaft und Gesellschaft nach wie vor in großen Teilen auf die Nutzung fossiler Energien zugeschnitten sind. Nach verschiedenen Schätzungen lagen die weltweiten Konsumsubventionen für fossile Energien in den vergangenen Jahren in der Größenordnung zwischen 300 bis mehr als 500 Mrd. US-Dollar. Das Wirtschaftsmodell der vergangenen 250 Jahre war mit seinen Regelungen, Forschungen, Ausbildungssystemen, gesellschaftlichen Leitbildern und mit seiner Politik nahezu alternativlos auf die Nutzung fossiler Energieträger zugeschnitten.[2]

Daraus entstehen sogenannte Pfadabhängigkeiten, die einer kurzfristigen Transformation im Wege stehen, weil Entscheidungen sowohl wirtschaftlicher wie auch politischer Natur in langfristige Entwicklungspfade eingebettet sind.[3]

5.3   Frankfurt als Innovation Lab für nachhaltiges Wirtschaften

Die Stadt Frankfurt, die aus der Außenperspektive als Stadt des kalten Kapitalismus, der Banken, der glitzernden Türme und der Finanzkrise wahrgenommen wird, ist seit vielen Jahren im Themenfeld Nachhaltigkeit sehr engagiert und erfolgreich.[4]

So feierte Frankfurt im Jahr 2015 „25 Jahre Klimaschutz". Das Energiereferat der Stadt hat seit seiner Gründung vor 25 Jahren zahlreiche Projekte und Maßnahmen für den Klimaschutz in Frankfurt umgesetzt und vorangetrieben. Gemeinsam mit Bürgerinnen und Bürgern, sozialen Trägern und Partnern aus Stadtverwaltung und Wirtschaft wurden vielfältige Beiträge für die Umwelt und die hohe Lebensqualität in der Stadt geleistet.

Viele Klimaschutzprojekte – ob Passivhaus, Solaranlage oder Blockheizkraftwerk – sind im Klimaschutzplan Frankfurt verzeichnet. Unter www.klimaschutzstadtplanfrankfurt.de bekommt man einen Überblick sowie Detailinformationen zu vielen Anlagen und Gebäuden. Sowohl Großkonzerne als auch Kleinunternehmen in Frankfurt haben das Thema für sich bereits identifiziert, und die zahlreichen wissenschaftlichen und Bildungs-Institutionen bearbeiten das Thema bereits seit Jahren.

Die Stadt Frankfurt soll deshalb an dieser Stelle als Beispiel für einen Ort dienen, an dem über vielfältige Maßnahmen und Ansätze die große Transformation durch kleine Schritte befördert wird.

Frankfurt ist als Katalysator einer nachhaltigen Entwicklung besonders geeignet. Die Wirtschafts- und Finanzkraft sowie die zentrale Lage der Stadt schaffen die besten Voraussetzungen, sich als nachhaltige Stadt zu positionieren. Hier können Innovationen, die vielleicht auch anderenorts entwickelt wurden, finanziert, getestet und vermarktet werden und so über Frankfurt hinaus einen Beitrag zur nachhaltigen Entwicklung leisten. Die Green Towers der Deutschen Bank, die Leistungen der regionalen Chemieindustrie oder

---

[2] Vgl. WBGU (2011), Welt im Wandel: Gesellschaftsvertrag für eine Große Transformation, S. 4.

[3] Vgl. WBGU (2011), Factsheet Transformation zur Nachhaltigkeit, S. 2–3.

[4] Vgl. Utikal (2012), Nachhaltigkeit als Chance, S. 126 (www.greencity-frankfurt.de).

Green IT sind „Leuchttürme", die über die Stadt hinaus strahlen. Der Messeplatz bietet große Chancen, um die Green Economy und die Green Society zu befördern.[5]

Verschiedene Akteure in der Region sind Mitglied im europäischen Forschungskonsortium Climate Knowledge and Innovation Community (Climate KIC). Dieses Konsortium wird gestützt durch das European Institute of Innovation and Technology (EIT), das im Jahr 2010 von der Europäischen Union als Antwort auf das Erfolgsmodell der Spitzenforschung in den USA, das Massachusetts Institute of Technology (MIT), gegründet wurde. Hiermit sollen die europäische Spitzenforschung sowie deren schnelle Umsetzung in die Praxis gefördert werden. Das Konsortium ist international aufgestellt, das Potsdam Institut, das Imperial College in London sowie die ETH Zürich gehören hierzu ebenso wie Unternehmen wie Covestro. In der Region sind u. a. die Stadt Frankfurt, die Universität Kassel sowie die Provadis Hochschule Teil dieses Konsortiums. Das Zentrum für Industrie und Nachhaltigkeit an der Provadis Hochschule koordiniert die Region.

Um Frankfurt als Innovation Lab für nachhaltiges Wirtschaften zu etablieren, braucht es unterschiedliche Akteure mit unterschiedlichen Kompetenzen, die sich zunächst im Sinne eines gemeinsamen Zieles vernetzen und dann auf dem Weg zu diesem Ziel ihre Fähigkeiten ergänzen. Es braucht ein kreatives Problemlösungsumfeld, das mit Ideen und Innovationen sowie mit dem nötigen Ehrgeiz neue Ansätze entschieden vorantreibt – auch wenn dies bedeutet, neue, ungewohnte Wege gehen zu müssen.

5.4 Treiber für Transformation

Aus der Einleitung wird deutlich, dass, um die große Transformation zur Nachhaltigkeit erfolgreich durchführen zu können, traditionelle Ansätze nicht mehr ausreichen. Es bedarf branchenübergreifender Kooperationen, die die Akteure über Unternehmens- und Themenfelder hinweg zusammenführen. Im wesentlichen dienen drei Handlungsfelder dazu, um eine Nachhaltigkeitstransformation zu erreichen: erstens die Förderung von Systeminnovationen, zweitens die Unterstützung von nachhaltigem Unternehmertum und drittens die Herausbildung von Transformationskompetenzen bei relevanten Akteuren.

5.4.1 Systeminnovationen als Treiber der großen Transformation

Die langfristig zu erwartenden Klimaveränderungen sorgen für einen erheblichen Druck auf Politik, Wirtschaft und Gesellschaft, eine große Transformation herbeizuführen. Dabei spielen Innovationen eine wesentliche Rolle. Weil eine große Transformation ein langfristiger Prozess ist, der, nicht zuletzt aufgrund von Pfadabhängigkeiten, mehrere Jahrzehnte in Anspruch nehmen kann, sollten Akteure in Sachen Innovationen eine zweigleisige Strategie fahren und sowohl auf kontinuierliche Innovationen setzen, die kurzfristige

---

[5] Vgl. Utikal (2012), Nachhaltigkeit als Chance, S. 126 f. (www.greencity-frankfurt.de).

Ergebnisse liefern (in einem Zeitraum von drei bis fünf Jahren), als auch Visionen entwickeln, die radikalerer Natur sind und für einen längerfristigen Zeitraum taugen (zehn bis zwanzig Jahre).

Systeminnovationen zeichnen sich dadurch aus, dass sich eine ganze Wertschöpfungskette einer Branche oder Industrie und mit ihr ganze Geschäftsmodelle derart verändern, dass sich das Wesen dieser Branche oder Industrie in der Folge anders darstellt als zuvor. Systeminnovationen haben neben technologischen auch immer gesellschaftliche Auswirkungen. Bei Systeminnovationen gibt es in der Regel einen tragfähigen Auslöser, beispielweise die Digitalisierung, die als externe Variable als gegeben angesehen werden kann und auf eine Branche einwirkt.

In der Folge entwickeln sich innerhalb dieses Rahmens einzelne technologische Innovationen oder Dienstleistungen, die in ihren Märkten schrittweise andere Produkte oder Dienstleistungen verdrängen. Durch das Zusammenwirken der unterschiedlichen Akteure kann sich eine völlig neue Systemarchitektur entwickeln, können Grenzen zwischen Branchen oder Organisationen verschwinden, können alte Geschäftsmodelle obsolet werden und dadurch neue Ökosysteme entstehen.

So hat die Digitalisierung zuletzt in zahlreichen Systemen für erhebliche Veränderungen gesorgt, beispielsweise sei der Handel genannt, in dem die Digitalisierung traditionelle Player vom Markt gespült und neue Akteure hervorgebracht hat. Der Trend zur Nachhaltigkeit kann im Bereich der Mobilität gut beobachtet werden: War dieses gesellschaftliche Feld in der Vergangenheit durch die Automobilhersteller und ihre Produkte dominiert, umfasst der Diskurs zur Mobilität heute den Nutzen der Automobile. Es werden alternative Optionen zur Gewährleistung individueller Mobilität thematisiert: der Besitz des eigenen PKW, der öffentliche Personennahverkehr, Car Sharing etc. – die gesellschaftlichen Überlegungen zum Thema der Gewährleistung der individuellen Mobilität ist facettenreicher geworden, die früher vorherrschende Fokussierung auf den individuellen Besitz des PKW als Option zur Gewährleistung der Mobilität ist zumindest in den Städten deutlich breiter geworden.

Systeminnovationen wie die große Transformation sind ein komplexer Prozess, der auf kleiner Ebene beginnt, sich auf regionaler Ebene fortentwickelt und langfristig kontinentale und schließlich globale Ausmaße annimmt. Somit geht es bei der Entwicklung von systemischen Innovationen nicht darum, in Form eines „Big Bang" auf einen Schlag einen revolutionären Wandel herbeizuführen – zumal dieser Politik, Wirtschaft und Gesellschaft überfordern würde. Vielmehr geht es um eine evolutionäre, schrittweise Entwicklung auf unterschiedlichen Ebenen, in unterschiedlichen Regionen, die parallel vollzogen und die auf lokaler Ebene von Nischeninnovationen getrieben wird. Ein Beispiel für Nischeninnovationen, die Auswirkungen auf Systeminnovationen haben, ist die Idee des Car-Sharing.[6] Car-Sharing kann sowohl Auswirkungen auf die Mobilität insgesamt haben als auch auf den Besitz von Autos und bedeutet somit Veränderungen im gesamten Ökosystem automobiler Mobilität.

---

[6] Vgl. Geels, Frank W. (2013): Die chemische Industrie im Umbruch?, in: Zukunft Chemie. Perspektiven auf die Welt von morgen, S. 238 f.

Dabei haben Nischeninnovationen grundsätzlich gegen bestehende etablierte Systeme zu kämpfen, die durch viele Mechanismen stabilisiert werden, die der Veränderung eines Systems entgegenstehen. Dazu gehören zum Beispiel bereits getätigte Investitionen in Anlagen, eine fehlende Infrastruktur, die als Voraussetzung zur Einführung einer Innovation benötigt wird (gut zu beobachten etwa am Beispiel Ladeinfrastruktur im Themenfeld E-Mobilität) und nicht ausreichend ausgebildetes Personal. Auch der Widerstand von Interessengruppen oder die Lebensgewohnheiten von Verbrauchern können dafür sorgen, dass es Nischeninnovationen schwer haben, sich gegen etablierte Systeme durchzusetzen.

Dennoch können Nischeninnovationen für eine Dynamik sorgen, die bestehende Systeme destabilisieren kann. Dabei ist zu beachten, dass nicht zwingend eine einzelne Ursache für einen Umsturz bestehender Systeme zugunsten neuer Systeme sorgt, sondern in der Regel Prozesse in mehreren Dimensionen und auf verschiedenen Ebenen, die sich verknüpfen und einander jeweils verstärken, einen systemischen Wandel herbeiführen können.

Parallel dazu können externe Rahmenbedingungen das vorherrschende System schwächen. Im Falle von Nachhaltigkeit etwa ist der Klimawandel eine solche externe Variable, die als gegeben hingenommen werden kann und von hoher Relevanz dafür ist, Wirtschaft und Gesellschaft nachhaltiger zu gestalten.

Systeminnovationen sind häufig mit globalen Themen verbunden, die übergreifende Bedeutung haben – wie zum Beispiel mit dem weltweiten Abkommen zum Klimaschutz. Dadurch ist die Nachfrage nach systemischen Technologien bzw. Innovationen vor allen Dingen politikinduziert, da sie sich an den definierten übergeordneten Zielen orientiert. Um beispielsweise die globalen Klimaschutzziele zu erreichen, bedarf es unter anderem einer neuen Form der Mobilität, CO_2-neutraler Städte bzw. Metropolen sowie einer industriellen Produktion auf Basis nachwachsender Rohstoffe. Mit solchen Entwicklungen einher gehen müssen Transformationsprozesse, für die sich die einzelnen Technologien zunächst in einem geschützten Raum – in sogenannten Nischen – entwickeln und dort erprobt werden müssen und in Bezug auf die Diffusion der Innovationen eine zeitliche Abstimmung erfolgt.

Um Systeminnovationen etwa im Bereich Nachhaltigkeit zum Erfolg zu führen, braucht es vielfältige Akteure, Projekte, Institutionen und Initiativen, zum Beispiel auf lokaler Ebene, die sich dann durch parallel ablaufende Innovationsprozesse zu einem Systemwandel zusammenfügen.

In Frankfurt wurde mit dem „Masterplan 100 % Klimaschutz" das Klimaschutzkonzept weiterentwickelt. Es wurde analysiert, wie eine vollständige Versorgung mit erneuerbaren Energien bis zum Jahr 2050 möglich sein kann. Mehr als 70 % der Energie wird in Städten verbraucht, weshalb bei der Energiewende den Städten eine besondere Rolle zukommt.

Frankfurt ist Teil des Climate-KIC Projekt „Transition Cities". Hier haben sich sechs Regionen zusammengeschlossen, um – unter Leitung von im Klimaschutz bereits aktiven Kommunen – systemische Ansätze für den Übergang zu einer CO_2-neutralen Gesellschaft zu entwickeln.

Das Aufgabenfeld von Transition Cities besteht darin, das Ziel der europäischen Politik einer systemischen Transformation durch regionale, kohlenstoffarme und sozio-technische Innovationen zu implementieren. Kommunale und regionale Organisationen sind die gesellschaftlichen Akteure, die diesen Wandel mit initiieren und vorantreiben können, da sie die lokalen Hemmnisse und Chancen kennen, und über lokale Politikentscheidungen Hemmnissen begegnen und Chancen nutzbar machen können.

Im Zuge dessen gibt es in Frankfurt mittlerweile zahlreiche innovative Klimaprojekte, die als Nischeninnovationen dienen können, um ihren Teil zur großen Transformation zur Nachhaltigkeit beizutragen.

So will beispielsweise die Initiative „2proAuto" auf das Potenzial des „freien Sitzplatzes" aufmerksam machen. Ihr Ziel ist, dass zukünftig mehr Menschen zu zweit im Auto fahren – 2proAuto. Letztlich, so soll der motorisierte Individualverkehr reduziert und die Region lebenswerter gemacht werden.

Einen nachhaltigen Lieferservice für den Osten Frankfurts will „Sachen auf Rädern" etablieren. Statt mit lärmenden Transportern sollen Pakete auf Fahrrädern ausgeliefert werden. Mit elektrischen Cargobikes werden größere Einkäufe oder gewerbliche Waren ebenso ausgeliefert wie nachhaltiges Essen. Ein ähnliches Konzept verfolgt das Unternehmen „Cargobike Frankfurt".

Auch Projekte wie die „Klimagourmet-Kochkurse" oder die Klimaschutz-Schau der „aha! Film Gmbh" tragen einzelne Bestandteile zu einer nachhaltigen Entwicklung in Frankfurt bei, die Teil einer großen systemischen Transformation sind.

Begleitet wird das Transition Cities Projekt durch eine wissenschaftliche Mitarbeiterin, die an der Goethe Universität promoviert.

5.4.2 Neue Kompetenzen als Schlüssel für die erfolgreiche Gestaltung der Transformation

Aus der Theorie, dass Transformationen im Kleinen getrieben werden und sich über Nischeninnovationen auf der Mikro- zu Systeminnovationen auf der Makroebene auswachsen, lässt sich ableiten, dass auf der lokalen oder regionalen Ebene Akteure diesen Prozess auch einleiten und voranbringen müssen. Es braucht also einzelne Personen, die Veränderungen im Kleinen anstoßen, um das System als Ganzes zu transformieren.

Die Idee dahinter lautet: Wer die Welt verändern möchte, sollte sich auch selbst verändern. In diesem Sinne hat das Thema Transformation zweierlei Ebenen: Erstens die Makroebene, also die konkrete Veränderung der Wirtschaft, der Gesellschaft, zum Beispiel die Energiewende als zentrales Element der Transformation zu nachhaltigem Wirtschaften. Doch neben der Makro- steht die Mikroebene. Innovationen und Veränderungsprozesse steuern und bedingen sich nicht selbst, sondern sind Ergebnis menschlichen Handelns. Im Mittelpunkt eines Transformationsprozesses stehen demnach keine Organisationen oder politische Ebenen, sondern das Individuum.[7] Die handelnden Akteure müssen bereit sein, eine Transformation herbeizuführen und damit in der Lage sein, sich selbst zu transformieren.

---

[7] Vgl. Markard, J., Raven, R. and Truffer, B. 2012. Sustainability transitions: An emerging field of research and its prospects, Research Policy 41, S. 955–967.

Vertreter alter, traditioneller Systeme sind in der Regel am Erhalt des Bestehenden interessiert und weniger daran, den Status quo, der meist seit Jahren als erfolgreiches System funktioniert und häufig auch dem Individuum eine Daseinsberechtigung gibt, zugunsten eines neuen Systems zu verändern. Somit werden bestehende Systeme und mithin die dort verantwortlich handelnden Akteure nicht selten zu Verhinderern von Innovation und somit von Transformation.

Die Vermittlung von Transformationskompetenzen sollten verschiedene Dimensionen umfassen. Dazu gehört erstens das Verständnis von Systemen, nicht nur reinen Kunden-Lieferanten-Beziehungen. Diese Systeme umfassen zusätzlich zu Unternehmen, Kunden und Lieferanten auch die Zivilgesellschaft, die öffentliche Hand und die Wissenschaft. Solche Systeme sind nach Handlungsfeldern und nicht nach Branchenabgrenzungen zu definieren. Denkbare Felder sind z. B. Mobilität, Wohnen, Produktion, Konsum. Zweitens sollte Akteuren die Fähigkeit vermittelt werden, wie sich funktionierende und branchenübergreifende Netzwerke bilden lassen, um Veränderungen auf verschiedenen Ebenen wirksam herbeizuführen, weil singuläre Maßnahmen zwar wichtig sind, aber nur in der Summe und somit in Kooperationen volle Wirkung entfalten können. Drittens bedarf es eines gekonnten Umgangs mit mehrdeutigen Informationen. Grundlage dieser Transformationskompetenz ist die Tatsache, dass Entscheidungen in der Regel von verschiedenen Optionen geprägt sind und die Informationen zum Themenfeld Nachhaltigkeit vielfach „im Fluss sind" (Was betrachtet die Gesellschaft als nachhaltig, was nicht? Welche Erwartungen werden von der Gesellschaft an Unternehmen gestellt?) Akteure müssen deshalb lernen, sich in einem sich wandelnden Umfeld zu orientieren und zu bewegen, ggf. Entscheidungen schrittweise umzusetzen und nicht durch eine einzige Entscheidung von tief greifender Wirkung zukünftige Handlungsspielräume vorzeitig zu verschließen. Es gilt, in kleinen Schritten Wege zu finden, komplexe und dynamische Situationen durch viele kleine Maßnahmen zu gestalten. Dabei müssen die Akteure viertens in der Lage sein, ihre eigenen Konzepte und Prozesse den sich immer wieder verändernden äußeren Rahmenbedingungen und Einflussfaktoren anzupassen.

Um diese Transformationskompetenzen auf verschiedenen Ebenen herauszubilden, braucht es andere als die bestehenden Bildungsansätze. Es reicht nicht, die Inhalte lediglich im Hörsaal und dort in einzelnen Disziplinen zu entwickeln.

Ein gutes Mittel zur Herausbildung praktischer Transformationskompetenzen ist die Arbeit an praktischen gesellschaftlichen Herausforderungen, die problemorientiert und nicht unter Orientierung an den Wissenschaftsdisziplinen definiert werden. Gleichzeitig sollten die Bildungskonzepte zum Ziel haben, konkrete Ergebnisse zu erarbeiten. Beispielhaft sei an dieser Stelle die Doktorandensommerschule an der Provadis Hochschule genannt, die in Kooperation mit der Goethe Universität, der TU Darmstadt und der Stadt Frankfurt in den letzten Jahren durchgeführt wurde.

So arbeiteten die Teilnehmer im Jahr 2014 zum Beispiel an der Konzeptentwicklung für den Masterplan 100 % Klimaschutz, den die Stadt Frankfurt zuvor ausgerufen hatte. Im Rahmen der Doktorandensommerschule wurde deshalb diskutiert, wie sich dieser

Masterplan konkret implementieren lässt. Im Mittelpunkt stand dabei besonders das Thema Klimafinanzierung, also die Frage, wie sich die Finanzwirtschaft für die Initiativen gewinnen lässt und welche neuen Finanzierungsmechanismen in Frage kommen. Zweitens erarbeiteten die Doktoranden Systemexperimente auf Stadtteilebene und diskutierten drittens darüber, wie sich die Bürger der Stadt oder der Stadtteile an derlei Projekten beteiligen lassen bzw. wie sich eine Akzeptanz in der Nachbarschaft herstellen lässt (http://www.ckic-phd-ffm.net/).

Neben vielfältigen Initiativen wie der Doktorandenschule, die auf unterschiedlichen Ebenen mit unterschiedlichen Maßnahmen dezentral Transformationskompetenzen entwickeln und mithin noch in konkreten Projekten auf lokaler Ebene zur Transformation beitragen, bedarf es eines zentralen, zertifizierten Programms, das einen einheitlichen Standard für Transformationskompetenz festlegt. Ein solches Programm hat die Climate-KIC-Initiative mit dem Projekt Certified Professional im Jahr 2015 entwickelt. Im Fokus des Projekts stehen drei zukunftsorientierte Zertifikate, die Berufstätige künftig erwerben können (www.certified-professional.eu).

Der Bereich „Accelerating Transition" konzentriert sich auf die Systemebene (zum Beispiel auf Städte, Regionen, Länder, Branchen, Unternehmensnetzwerke). Ziel ist die Herausbildung von Kompetenzen, um mit Blick auf den Klimawandel einen Systemwechsel hin zu einer kohlenstoffarmen Gesellschaft voranzubringen.

Im Bereich „Promoting Innovation" soll die Innovationskompetenz als notwendiger Bestandteil der Transformationskompetenz ausgebildet werden. Die Förderung der Innovation kann sowohl die Mikro-Ebene (zum Beispiel die Entwicklung neuer Produkte, Verfahren oder Dienstleistungen) adressieren als auch Auswirkungen auf die Systemebene haben. Ziel ist die Entwicklung neuer Lösungen mit einem Wertbeitrag für die Gesellschaft im weitesten Sinne.

Im Bereich „Driving Entrepreneurship" geht es nicht allein darum, neuartige Businesslösungen zu entwickeln, sondern auch, Modelle des sozialen und ökologischen Unternehmertums zu entwerfen. Ziel ist es, innovative und nachhaltige Geschäftsmodelle aufzubauen und in den Markt zu bringen.

Im Ergebnisse sollen so für die große Transformation wichtige Kompetenzen vermittelt und zertifiziert werden, damit die anstehenden Veränderungsprozesse mit dem richtigen Grad an Professionalität angegangen werden können.

5.4.3 Nachhaltigkeitstreiber Unternehmertum

Unternehmerische Initiative kann ein wesentlicher Treiber eines Wandlungsprozesses Richtung einer nachhaltigeren Wirtschaft sein. Während Verbesserungsinnovationen oder (inkrementelle Innovationen), beispielsweise im Bereich Energieeffizienz, stärker von bestehenden Unternehmen vorangebracht werden, spielen Gründungen eine zentrale Rolle, wenn es darum geht, völlig neue Wege einzuschlagen und radikal neue Lösungen auf den Markt zu bringen.

Studien zeigen, dass die nachhaltige Entwicklung immer mehr auf die Gesellschaft durchschlägt und sich daraus auch die Menge grüner Gründungen erhöht – also solcher Gründungen, die in ihrem Geschäftsmodell oder ihrer Grundidee auf einer Idee bzw. einem Ansatz basieren, der eine nachhaltige Entwicklung in der Mittelpunkt stellt.

Zwischen 2006 und 2013 gab es allein in Deutschland rund 170.000 grüne Gründungen, die über eine Million Arbeitsplätze geschaffen haben.

Mit rund 85.000 Unternehmensgründungen sind die Erneuerbaren Energien das größte Feld für grüne Start-ups (50 % der gesamten Gründungen). Fast 73.000 Gründungen (43 %) entfallen auf den Bereich Energieeffizienz. Insgesamt tragen 135.000 junge Unternehmen (81 %) über ihre Produkte und Dienstleistungen zum Ziel einer kohlendioxidarmen Wirtschaft bei. Damit bieten 4 von 5 grünen Gründungen Lösungen für den Klimaschutz. Mit einem Gesamtanteil von 11 % an allen Gründungen zwischen 2006 und 2013 sorgen grüne Gründungen umgekehrt für eine hohe Gründungsdynamik.[8]

Studien zeigen, dass immer mehr Gründer bzw. Unternehmer Geschäftsmodelle nachhaltig anlegen. Dafür sollte der Nachhaltigkeitsgedanke von Beginn der Gründung an, also bereits mit der Gründungsidee, fest im Geschäftsmodell verankert sein. Nachhaltig ist dabei ein Geschäftsmodell aus ökologischer Sicht immer dann, wenn gegenüber dem Status Quo die Leistung mit einem deutlich geringeren Ressourcenverzehr einher geht. Von entscheidender Bedeutung ist mit Blick auf die Förderung nachhaltigen Unternehmertums, dass sich die ökologische Ausrichtung einerseits und der ökonomische Geschäftserfolg keineswegs ausschließen, sondern vielmehr bedingen sollten. Letzteres hängt damit zusammen, dass mit Blick auf den gesellschaftlichen Wertewandel nachhaltige Innovationen über ein hohes Akzeptanzpotenzial verfügen, häufig politisch gewollt und zudem technologisch notwendig und somit auch gefragt sind.

Die Förderung von Gründungen und Unternehmertum stellt eine geradezu ideale Möglichkeit dar, um Nischen- bzw. Geschäftsmodellinnovationen in großer Breite und Vielfalt zu erzeugen. Eine wichtige Grundlage stellt dabei die Annahme dar, dass derlei Innovationen von einer übergreifenden gesellschaftlichen Vision (zum Beispiel dem Klimaschutz) bzw. einer wesentlichen technologischen Veränderung (zum Beispiel der Digitalisierung) getrieben werden und sich dadurch Anreizsysteme (neue Netzwerke, vielfältige Förderprogramme etc.) ergeben, aus denen heraus Geschäftsmodellinnovationen, neue Technologien und Dienstleistungen für Unternehmer bzw. Gründer interessant werden, weil sie eine hohe Aufmerksamkeit und einen großen Geschäftserfolg versprechen und mithin auch noch einen gesellschaftlichen Wandel betreiben können.

Um diese Innovationskraft aber erfolgreich auf die Straße zu bringen, braucht es einzelne Akteure auf Mikroebene, die wiederum die nötige Transformationskompetenz mitbringen müssen. Deshalb ist auch zur Entwicklung nachhaltiger Geschäftsmodelle die Vermittlung von Transformationskompetenzen von großer Bedeutung. Ein Gründer, der beispielsweise im Bereich der Mobilität die vorhandenen Systemstrukturen sowie die dominierenden

---

[8] Vgl. Green Economy Gründungsmonitor 2014.

Stakeholder analysieren kann, wird auf diese Weise neue Geschäftsoptionen identifizieren können (da er nicht in der Logik bestehender Disziplinen oder Branchen gefangen ist).

Das in Frankfurt ansässige Climate KIC unterstützt Cleantech-Start-ups von der Ideenfindung bis zur internationalen Markenentwicklung. So soll das Unternehmertum in diesem Bereich gestärkt und sollen Entrepreneure und Gründer mit starken nationalen und internationalen Partnern vernetzt werden.

Cleantech-Gründer können von den Sach- und Geldleistungen des Climate-KIC profitieren – bis zu knapp 100.000 € pro Start-up. Aber insbesondere haben sie Zugang zu einem extrem leistungsfähigen Netzwerk, das auch den Einstieg in den Weltmarkt beschleunigt. Es gibt grüne Garagen in Berlin und München, in Frankfurt haben wir die Kunden in der Industrie und die Investoren – es gibt Austausch mit Gründern aus ganz Europa.

Ein Beispiel für ein Projekt, das vom Climate-KIC gefördert und begleitet wurde, sind die Solarcontainer für Afrika. Die 2015 gegründete Mobile Solarkraftwerke Afrika GmbH & Co. KG möchte mit einer mobilen, kombinierten Solar- und Windanlage mit Speicher zum ersten mobilen und dezentralen Energieversorger Afrikas werden. Die rund 130.000 € teuren Solarcontainer werden via Crowdfunding finanziert. Geschäftsführer des Start-up-Unternehmens ist Charlie Njonmou, der von verschiedenen Investoren und Social Entrepreneurs unterstützt wird (http://www.africagreentec.com/).

Rund 80 % der Menschen in Afrika fehlt der Zugang zu Strom, was die Entwicklung der Länder erheblich hemmt. Nur bei einer ausreichenden Stromversorgung ist das von Experten prognostizierte Wirtschaftswachstum des Kontinents denkbar. Die Solarcontainer können hierzu einen wichtigen Beitrag leisten. Die Mobile Solarkraftwerke Afrika GmbH & Co. KG liefert die Container schlüsselfertig und betriebsbereit. Sie enthalten Solarmodule, die auf ausziehbaren, klappbaren Flügeln montiert sind, ähnlich wie bei einem Satelliten. Beim Aufbau entfalten sich die Flügel, je nach Ausbaustufe, zu einer Fläche von bis zu 150 m^2. Der Auf- oder Abbau ist innerhalb von nur 30 min möglich. Dank einer zusätzlichen Ausstattung mit Kleinwindanlagen und Speichern können die Kleinkraftwerke Tag und Nacht Strom liefern. Vergleicht man die Anschaffungs- und Finanzierungskosten für ein Solarkraftwerk mit den Ausgaben für Dieselkraftstoff, lassen sich in 20 Jahren pro Standort mindestens 250.000 € Kosten einsparen.

Die Idee von mobilen und dezentralen Solarcontainern überzeugte auch das europäische Klimakonsortium Climate-KIC. So wurde das Start-up 2015 im Rahmen des hessischen Accelerator-Programms von Climate-KIC gefördert. Bei der europaweiten Venture Competition in Birmingham erreichten „Mobile Solarkraftwerke Afrika" dann den zweiten Platz und konnten sich über ein Preisgeld von 20.000 € freuen.

5.5   Schluss

Für den Ansatz, eine große Transformation in Richtung einer nachhaltigeren Wirtschaft und Gesellschaft durchzuführen, gibt es mit Blick auf den Klimawandel und auch auf die daraus gezogenen Schlüsse in Bezug auf politische Nachhaltigkeitsziele keine Alternative.

Doch um die große Transformation zu erreichen, bedarf es eines grundlegenden Perspektivwechsels. Denn die weit verbreitete Annahme, dass eine große Transformation von wenigen großen Innovationen, durch eine Art „Big Bang" getrieben und umgesetzt wird, ist falsch. Eine große Transformation vollzieht sich nicht auf revolutionäre, sondern vielmehr auf evolutionäre Art und Weise.

Grundlage ist dabei, dass sich die Perspektive von der Makroebene auf die Mikroebene verschiebt und damit viele kleine Innovationen auf lokaler und regionaler Ebene bzw. in Nischen in der Summe und durch das Zusammenwirken der Akteure in Netzwerken kumuliert eine große Transformation herbeiführen können.

Für die Akteure ist dabei nicht allein der ökologische Gedanke als Treiber Motivation, sich mit Nischeninnovationen, Gründungen, neuen Geschäftsmodellen etc. an der großen Transformation zu beteiligen, wenngleich die Vision einer nachhaltigeren Welt zusätzliche Motivation sein dürfte.

Doch die ökologische Komponente lässt sich bei der Entwicklung einer großen Transformation durchaus mit der ökonomischen Komponente verbinden. Genauer gesagt greift beides ineinander: Die Politik allein kann Systeminnovationen zwar befördern, zum Beispiel durch millionenschwere Förderprogramme. Das allein reicht aber nicht, um einen grundlegenden Wandel von Öko-Systemen herbeizuführen. Ein funktionierendes Wirtschaftssystem bringt dann Innovationen hervor, wenn sich ökonomische Erfolge erwarten lassen. Das Thema Nachhaltigkeit bzw. Klimaschutz birgt Wachstumschancen auf unzähligen Feldern. Während also neue Gründungen und Geschäftsmodelle einerseits die Systemtransformation befördern, profitieren umgekehrt die Unternehmer und Gründer von dieser schrittweisen Entwicklung, weil durch die große Transformation im neuen Gesamtsystem ihre Innovationen und Ansätze bedeutsamer und zum Teil unersetzbar werden, woraus sich auch Profit ableiten lässt.

Dabei steht, wie bei Innovation üblich, immer der Mensch, der einzelne Akteur, im Mittelpunkt, der als handelnde Person eine Idee entwickeln, eine Nische erkennen, ein Projekt vorantreiben, ein Geschäft initiieren und umsetzen muss.

Eine Gesellschaft muss aber in der Lage sein, in ihren Bildungssystemen Menschen systematisch Kompetenzen zu vermitteln, die sie dabei unterstützen, durch Unternehmertum und Innovation eine große Transformation herbeizuführen. Derzeit jedoch ist die Vermittlung von Transformationskompetenzen noch unterentwickelt. Es gilt daher, hier neue Ansätze zu entwickeln, neue Angebote zu entwerfen und an junge Menschen zu adressieren.

Mithilfe der im Rahmen dieser neuen Bildungssysteme erlangten Kompetenzen müssen zur Umsetzung der großen Transformation drei wesentliche Handlungsfelder neu gestaltet werden:

Erstens müssen klassische Produktinnovationen durch Systeminnovationen ergänzt werden. Zweitens braucht es Start-ups, die sich problemorientiert und nicht innerhalb bestehender Branchengrenzen aufstellen. Sie haben das Potenzial, weiße Flecken auf der Landkarte zu besetzen. Drittens müssen Bildungssysteme – in Ergänzung zum bisherigen disziplinären Ansatz – nun auch interdisziplinär aufgestellt werden.

Am Ende erfordert der Klimawandel ein Zusammenspiel der neuen, durch neue Kompetenzen gestärkten Akteure, die in Kooperationen und Netzwerken über Branchengrenzen hinweg gesellschaftliche Herausforderungen angehen und in Kombination von ökologischem Fortschritt und ökonomischem Erfolg auch individuelle Vorteile realisieren, dabei aber auch einen wichtigen gesamtgesellschaftlichen Beitrag leisten.

Die Stadt Frankfurt ist ein idealer Ort, um das große Bild, die große Vision, auf die Mikroebene herunter zu brechen und Veränderungen in Form von Nischen- und Systeminnovationen, Unternehmertum bzw. Gründerkultur sowie in der Vermittlung von Transformationskompetenzen herbeizuführen. In der Stadt bzw. im erweiterten direkten Umfeld sind Akteure aus allen Branchen und Bereichen vorhanden. Auch die Lage und die ökonomische Stärken legen in besonderer Weise eine Positionierung der Stadt als Katalysator der großen Transformation nahe.

Über den Autor
Prof. Dr. Hannes Utikal ist Leiter des Zentrums für Industrie und Nachhaltigkeit an der Provadis Hochschule in Frankfurt sowie der Region Hessen im Climate-KIC.

Über die Provadis Hochschule und das Zentrum für Industrie und Nachhaltigkeit
Die **Provadis-Hochschule** hat ihren Sitz am Industriepark in Frankfurt Höchst. Hier wurde vor mehr als 150 Jahren das ehemals größte Chemieunternehmen der Welt gegründet. Heute arbeiten in einem modernen Cluster von Chemie- und Pharmaunternehmen mehr als 22.000 Personen. Wir kennen daher das Thema „Transformation" und sind von dem Thema „Wandel" fasziniert. Seit mehreren Jahren arbeiten wir in dem Themenfeld „Industrie und Nachhaltigkeit".

Im Jahr 2016 haben wir hierzu das **Zentrum für Industrie und Nachhaltigkeit** gegründet. Hier bündeln wir unsere interdisziplinären Forschungs-, Beratungs- und Hochschullehraktivitäten – in Kooperation mit nationalen und internationalen Partnern führen wir Studien zu den Marktpotenzialen „grüner Technologien" durch, qualifizieren wir Berufstätige und unterstützen wir Clean-Tech-Start ups. Dabei ist es unser Ziel die „großen Theorien" von der „großen Transformation" konkret wirksam werden zu lassen. Unser Motto lautet „We make knowledge work". Im Oktober 2015 haben wir die Leitung der Region Hessen im Climate-KIC von der TU Darmstadt übernommen.

Über Climate KIC
Climate-KIC ist die größte europäische Innovationsinitiative für klimafreundliche Technologien. Als EU-Programm 2010 ins Leben gerufen, fördert Climate-KIC mit Büros in 15 europäischen Ländern Innovationsprojekte, Start-ups und Nachwuchs-Innovatoren. Über 170 Partner aus Wirtschaft, Wissenschaft, öffentlichem Sektor und Zivilgesellschaft arbeiten bei Climate-KIC an wegweisenden, skalierbaren Innovationen zur Bekämpfung des Klimawandels.

Kraft-Wärme-Kopplung – Chancen und Perspektiven

6

Jörg Schmidt

6.1 Neuen Modellen der Strom- und Wärmeerzeugung gehört die Zukunft

Nachhaltiges Handeln ist heute mehr denn je geboten, da alle natürlichen Ressourcen immer knapper werden. Am deutlichsten veranschaulicht das die Endlichkeit der fossilen Energieträger, deren weltweiter Verbrauch sich seit 1970 verdoppelt hat. Bis 2030 wird er sich nach einer Prognose der International Energy Agency (IEA, Weltenergieagentur) nahezu verdreifachen und aufgrund der damit verbundenen Emissionen gravierende Auswirkungen auf das Klima haben. Die Gestaltung einer umwelt- und ressourcenschonenden sowie gleichzeitig wirtschaftlichen Energieversorgung für die Zukunft ist deshalb wichtiger denn je (Abb. 6.1).

6.2 Weltklimakonferenz in Paris setzt 1,5 °C-Ziel

Gemessen an den Herausforderungen des Klimaschutzes und einer nachhaltigen Energieversorgung ist die Politik auf globaler Ebene den Erwartungen nur zögerlich gerecht geworden. 20 Jahre nach der ersten Welt-Nachhaltigkeitskonferenz hat sich die weltweite Staatengemeinschaft zwar zum Aufbau einer „Green Economy" bekannt, konkrete Ziele wurden aber auch bei der Nachfolgekonferenz „Rio 20+" nicht vereinbart. Gleiches gilt für das Kyoto-Protokoll. Das hat sich mit der Weltklimakonferenz Ende 2015 in Paris grundlegend geändert. Am Abend des 12. Dezember 2015 wurde von der Versammlung ein Klimaabkommen beschlossen, das die Begrenzung der globalen Erwärmung auf deutlich unter 2 °C, möglichst 1,5 °C, im Vergleich zum vorindustriellen Niveau vorsieht.

J. Schmidt
Viessmann Werke GmbH & Co. KG, Viessmann Str. 1, 35108 Allendorf (Eder), Deutschland
E-Mail: smdj@viessmann.com

© Springer Fachmedien Wiesbaden GmbH 2017
B. Weyland et al., *Energieeffizienz*, DOI 10.1007/978-3-658-17225-1_6

Abb. 6.1 Bereits Anfang des 18. Jahrhunderts wurde die Idee der Nachhaltigkeit geboren. Es sollte immer nur so viel Wald einschlagen werden, wie wieder nachwächst

Um das gesteckte 1,5°-Ziel erreichen zu können, müssen die Treibhausgasemissionen weltweit zwischen 2045 und 2060 auf Null zurückgefahren, und anschließend ein Teil des zuvor emittierten Kohlendioxids (CO_2) wieder aus der Erdatmosphäre entfernt werden. Erreichbar ist das nur mit einer sehr konsequenten und sofort begonnenen Klimaschutzpolitik, da sich das Zeitfenster, in dem dies noch realisierbar ist, rasch schließt. Soll das Ziel ohne Einsatz von Techniken zur Abscheidung und Speicherung von CO_2 erreicht werden, muss die Verbrennung fossiler Energieträger bis etwa 2040 komplett eingestellt und bis dahin die Energieversorgung – Strom, Wärme und Verkehr – vollständig auf erneuerbare Energien umgestellt werden.

Allerdings ist die viel beschworene Energiewende hin zu einer hundertprozentigen Versorgung mit erneuerbaren Energien nicht so ohne weiteres möglich. In Deutschland tragen die fossilen Energieträger zu fast 80 % zur Energieversorgung bei (Abb. 6.2). Auch langfristig reicht das theoretische Potenzial der Erneuerbaren nicht aus, um den Bedarf in heutiger Größenordnung zu decken. Das heißt, dass zunächst die Energieeffizienz erheblich gesteigert werden muss. Um den verbleibenden Rest abzudecken, erfordert es deshalb einen ausgewogenen Mix aller verfügbaren Ressourcen. Das reicht vom effizienten Einsatz fossiler Energie über die Nutzung von Solarenergie, Wind, Erdwärme bis hin zur Energieerzeugung aus Biomasse.

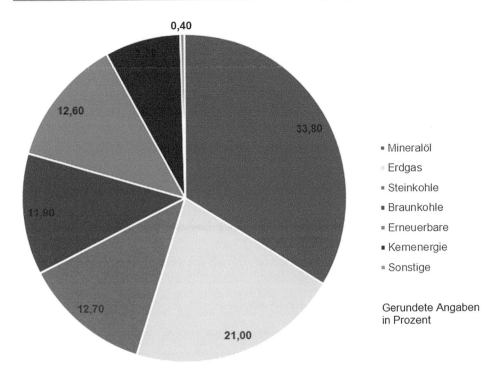

0,40

12,60

33,80

▪ Mineralöl
▫ Erdgas
▪ Steinkohle
▪ Braunkohle
▪ Erneuerbare
▪ Kernenergie
▫ Sonstige

Gerundete Angaben
in Prozent

11,90

12,70

21,00

Abb. 6.2 Energiemix in Deutschland über alle Sektoren (Wärme, Verkehr, Strom, Industrie)

6.3   Energiewende – Herausforderung und Chance

Bereits 2008, also lange vor dem Pariser Klimaabkommen, hat sich die Europäische Union zu Klimaschutz und Ressourcenschonung ambitionierte Ziele vorgenommen. Danach soll der Energieverbrauch bis 2030 um 27 % verringert, der Anteil erneuerbarer Energien auf 27 % gesteigert und die CO_2-Emissionen gegenüber 1990 um 40 % gesenkt werden. Um diese Ziele zu erreichen, werden die einzelnen Länder enorme Kraftanstrengungen leisten müssen.

Deutschland hat dazu konkrete Maßnahmen erarbeitet, die nicht zuletzt auch in der Verbesserungen der politischen Rahmenbedingungen bestehen: den Nationalen Aktionsplan Energieeffizienz (NAPE) und das Aktionsprogramm Klimaschutz. Als für den Wärmemarkt wichtigste Maßnahmen enthält der NAPE:

- den Ausbau der Förderung durch KfW und Marktanreizprogramm und
- das Effizienz-Labeling von Bestandsanlagen.

Das Aktionsprogramm Klimaschutz adressiert die CO_2-Minderungspotenziale vor allem in der Energiewirtschaft, aber auch in der Industrie, den Haushalten und im Verkehr.

Die Umsetzung der energie- und klimapolitischen Ziele folgt in Deutschland der Doppelstrategie aus Steigerung der Energieeffizienz und Substitution fossiler durch erneuerbarer Energie. Zusätzlich sind ein CO_2-neutraler Gebäudebestand bis 2050, der Ausstieg aus der Kernenergie bis 2022 und die Verdoppelung des Anteils der Kraft-Wärme-Kopplung an der Stromerzeugung von 12 % (Stand 2008) auf 25 % bis 2020 beschlossen. Außerdem soll auch die Stromerzeugung in Kohlekraftwerken aufgrund hoher Emissionen reduziert werden. Zur Substitution stillgelegter Kernkraftwerke und konventioneller Kohlekraftwerke werden Windparks und Photovoltaikanlagen in großer Zahl errichtet.

6.4   Wärmemarkt spielt wichtige Rolle bei der Energiewende

Der Schlüssel zum Erfolg der Energiewende liegt allerdings im Wärmemarkt. Mit einem Anteil von nahezu 40 % am Gesamtenergieverbrauch in Deutschland ist er der bedeu-tendste Sektor. Die Bereiche Verkehr (28 %) und Elektrizität (21 %) folgen mit großem Abstand (Abb. 6.3).

Von den 20 Mio. Heizungsanlagen in Deutschland sind mindestens 75 % modernisie-rungsbedürftig. Im Durchschnitt werden Heizungen erst nach 25 Jahren ausgetauscht. Nach Berechnungen von Experten werden dadurch mindestens 30 % mehr Energie ver-braucht als notwendig. Das entspricht 13 % des Gesamtenergieverbrauchs und liegt damit deutlich über dem Anteil der Atomkraft am Energiemix (7,5 %).

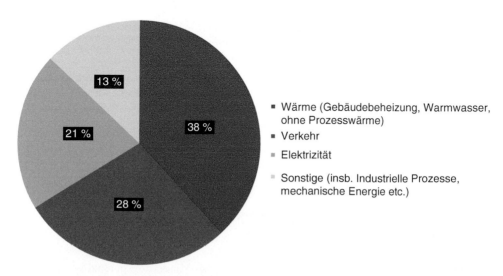

Abb. 6.3 Energieverbrauch in Deutschland nach Anwendungsbereichen. (Quelle: Verband der dt. Elektrizitätswirtschaft (VDEW)/Arbeitsgruppe Erneuerbare Energien (AGEE))

Der Wärmemarkt bietet jedoch nicht nur das größte Potenzial für Energieeinsparungen, er kann darüber hinaus durch dezentral installierte, stromerzeugende Heizungen eine wichtige Rolle bei der zukünftigen Stromversorgung spielen.

6.5 Verknüpfung von Strom- und Wärmemarkt

Schon heute kann an wind- und sonnenreichen Tagen in Deutschland der gesamte Spitzenbedarf an Strom erneuerbar abgedeckt werden. Allerdings wird Strom nicht immer dort erzeugt, wo er aktuell benötigt wird, und es besteht auch nicht immer Spitzenbedarf. Auf der anderen Seite gibt es Zeiten, in denen die Sonne nicht scheint und der Wind nicht weht, aber trotzdem ein hoher Strombedarf vorhanden ist. Bei Engpässen in der volatilen Stromerzeugung können Systeme der Kraft-Wärme-Kopplung (KWK) einen wichtigen Beitrag zur Deckung des Bedarfs leisten. Weil dies dezentral geschieht und der Strom am Ort des Verbrauchs erzeugt wird, werden zudem die Stromnetze entlastet. Darüber hinaus bieten innovative Konzepte wie Power-to-Heat und Power-to-Gas neue Möglichkeiten der Speicherung bzw. Nutzung regenerativ erzeugten Stroms.

6.5.1 Lösungen zur Kraft-Wärme-Kopplung

Das Realisieren einer dezentralen Energieversorgung mit kleinen Einheiten, die leicht und schnell zu regeln sind, kann einen großen Beitrag zum Gelingen der Energiewende leisten. Bei der zentralen Stromerzeugung in Großkraftwerken gehen ohne weitere Nutzung der entstehenden Wärme bis zu zwei Drittel der eingesetzten Ausgangsenergie verloren. Eine wesentlich bessere Nutzung der eingesetzten Primärenergie lässt sich erreichen, wenn Strom und Wärme direkt dort erzeugt werden, wo diese auch benötigt werden. Dabei sollte das Hauptaugenmerk auf die Nutzung der bei der Stromproduktion entstehenden Wärme gerichtet sein.

6.5.1.1 Gasbetriebene Blockheizkraftwerke

Längst etabliert ist die Kraft-Wärme-Kopplung in großen Einheiten, ganz gleich ob in Heizkraftwerken zur Fernwärmeerzeugung, in Krankenhäusern, Hotels oder Verwaltungsgebäuden (Abb. 6.4). Ein mit Erd- oder Biogas betriebener Motor treibt dazu einen Generator zur Stromerzeugung an. Der elektrische Strom wird entweder vom Betreiber selbst genutzt oder gegen eine entsprechende Vergütung in das öffentliche Netz eingespeist. Die Abwärme des Motors sowie die Wärme aus dem Abgas wird über Wärmetauscher dem Heizungssystem zur Verfügung gestellt.

Diese Blockheizkraftwerke (BHKW) erzielen durch ihre hohe Brennstoffausnutzung Gesamtwirkungsgrade von bis zu 95 %. Nach Angaben der Arbeitsgemeinschaft für sparsamen und umweltfreundlichen Energieverbrauch (ASUE) reduzieren BHKW den Energieverbrauch um bis zu 36 % und die CO_2-Emissionen um bis zu 58 % gegenüber der

Abb. 6.4 Fünf Vitobloc 200 Blockheizkraftwerke mit einer elektrischen Leistung von insgesamt 1,2 MW im Verwaltungsgebäude der Deutschen Gesetzlichen Unfallversicherung

herkömmlichen getrennten Strom- und Wärmeerzeugung (Strom aus zentralem Kraftwerk, Wärme aus der Heizzentrale bzw. dem Heizungskeller).

Die von Viessmann angebotenen BHKW sind für den gewerblichen und kommunalen Einsatz konzipiert. Dazu bieten sie elektrische Leistungen von 6 bis 530 kW und thermischen Leistungen von 15 bis 660 kW. Sie werden als betriebsbereite Kompaktmodule mit speziell für den Stationärbetrieb ausgelegten 3-, 4-, 6- und 12-Zylinder-Gasmotoren ausgeliefert, die jeweils einen Synchrongenerator antreiben. Besonders lange Wartungsintervalle sorgen für niedrige Betriebskosten. Alle BHKW von Viessmann verfügen zudem über das Einheitenzertifikat nach BDEW-Richtlinie (Bundesverband der Energie- und Wasserwirtschaft). Es gewährleistet, dass die Geräte den Anforderungen der Stromnetzbetreiber entsprechen und an das öffentliche Stromnetz angeschlossen werden dürfen.

6.5.1.2 Mikro-KWK-Systeme für Ein- und Zweifamilienhäuser

Mit Mikro-KWK-Geräten, die Brennstoffzellen zur Strom- und Wärmeerzeugung einsetzen, hat die Kraft-Wärme-Kopplung auch in Ein- und Zweifamilienhäusern Einzug gehalten. Dieser Anwendungsbereich bietet mit etwa 14 Mio. Gebäuden in Deutschland ein hohes Potenzial für den Einsatz dieser Technologien. Die Häuser erhalten mit diesen Geräten eine Energiezentrale, die nicht nur die gesamte benötigte Raumwärme und das Warmwasser bereitstellen, sondern auch einen Großteil des Strombedarfs im Haushalt decken. Die Bewohner machen sich damit unabhängiger vom öffentlichen Netz und steigenden Strompreisen. Und auch die Energie für elektrisch betriebene Fahrzeuge können die Betreiber damit selbst erzeugen.

Brennstoffzellen-Systeme erzeugen aus dem im Erdgas vorhandenen Wasserstoff durch einen elektrochemischen Prozess Strom, Wärme und Wasser. Eine Verbrennung findet

Abb. 6.5 Für eine hohes Maß an Unabhängigkeit: Brennstoffzellen-Heizgeräte wie das abgebildete Vitovalor 300-P von Viessmann liefern neben Wärme zugleich auch Strom für die Hausenergieversorgung

nicht statt, der Betrieb der Geräte ist nahezu geräuschlos. Als erster Hersteller hat Viessmann im Frühjahr 2014 ein in Serie gefertigtes Brennstoffzellen-Heizgerät in den Markt eingeführt (Abb. 6.5).

Das Gerät besteht aus einer PEM-Brennstoffzelle (750 W_{el}, 1 kW_{th}) und einem Gas-Brennwert-Spitzenlastkessel (bis 19 kW, Trinkwassererwärmung bis 30 kW) mit integrierten Trinkwasser- und Heizwasser-Pufferspeichern. Die PEM-Brennstoffzelle von der japanischen Panasonic Corporation ist für eine Lebensdauer von mindestens 15 Jahren konzipiert und in Japan seit nunmehr acht Jahren erfolgreich im Einsatz. Mittlerweile wurden dort mehr als 100.000 Geräte installiert. Bevorzugtes Einsatzfeld des Brennstoffzellen-Heizgeräts sind Neubauten und energetisch sanierte Bestandsgebäude mit einem Wärmebedarf von mehr als 8000 kWh/a. Bauherren erhalten für die Anschaffung des Brennstoffzellen-Heizgeräts einen staatlichen Zuschuss von 9300 €. Damit liegen die Kosten etwa in gleicher Höhe wie bei Wärmepumpen.

6.5.1.3 Energiemanagementsysteme für Strom und Wärme

Attraktiv ist die Kombination der BHKW und Mikro-KWK-Systeme mit Stromspeichern und Photovoltaikanlagen. Da im Sommer in der Regel weniger Wärme benötigt wird, produzieren KWK-Systeme in dieser Zeit auch weniger Strom. Um auch dann möglichst unabhängig vom öffentlichen Stromnetz zu bleiben, ist die Einbindung von Photovoltaikanlagen ideal. Der Stromspeicher bevorratet den Strom aus BHKW bzw. Mikro-KWK-Gerät und der Photovoltaikanlage, der aktuell nicht benötigt wird, für die Deckung späterer Strom-Verbrauchsspitzen. So sind zum Beispiel mit den heute verfügbaren Technologien

Abb. 6.6 Kombinationen mit Photovoltaikanlagen und Stromspeichern ermöglichen die nahezu autarke Stromversorgung und auch die Bereitstellung von Strom für elektrische Fahrzeuge. Im Bild das Brennstoffzellen-Heizgerät Vitovalor 300-P mit nebenstehendem Stromspeicher Vitocharge (*links*)

in Ein- und Zweifamilienhäusern bis zu 95 % Autarkie von der öffentlichen Stromversorgung möglich. Viessmann bietet als einziger Hersteller solche Lösungen für Ein- und Zweifamilienhäuser mit abgestimmten Komponenten aus einer Hand an (Abb. 6.6).

6.5.1.4 Virtuelle Kraftwerke und Power-to-Heat

Dezentral installierte BHKW und Mikro-KWK-Systeme können in Zukunft einen wichtigen Beitrag dazu leisten, die Volatilität des Stromangebots aus erneuerbaren Energien auszugleichen. Bei einer drohenden Unterversorgung würde dann je nach Bedarf eine variable Anzahl dieser Geräte zu sogenannten virtuellen Kraftwerken automatisch zusammengefasst, um Strom in das öffentliche Netz einzuspeisen. Die Anlagenbetreiber könnten dafür besonders attraktive Bonuszahlungen erhalten.

Bei Stromüberschuss können zudem Wärmepumpen einen Beitrag zur kurzfristigen Speicherung der Energie leisten. Sie wandeln den Überschussstrom in Wärme um, die sich in Pufferspeichern und Speicher-Wassererwärmern bevorraten lässt, und so zu einem späteren Zeitpunkt zur Gebäudebeheizung und Trinkwassererwärmung zur Verfügung steht. Dieses als Power-to-Heat bezeichnete Konzept setzt flexible Strompreise voraus, die sich nach Angebot und Nachfrage richten.

Wichtig für gut funktionierende virtuelle Kraftwerke und Power-to-Heat-Lösungen sind eine intelligente Steuerung sowie Kommunikation zwischen Stromerzeugern und -verbrauchern sowie der Leitstelle (Abb. 6.7). Durch ein koordiniertes Einspeiseverhalten lassen sich zusätzliche Vorteile erzielen: Beispielsweise kann ein BHKW den Strom vorwiegend zur Netzlastspitze produzieren und die zeitweilig überschüssige Wärme in einem Heizwasser-Pufferspeicher bevorraten.

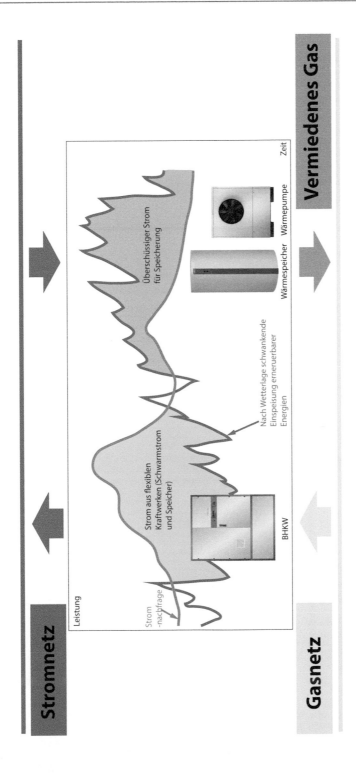

Abb. 6.7 Dezentral installierte KWK-Systeme als virtuelle Kraftwerke und Power-to-Heat-Lösungen mit Wärmepumpen können im Wechselspiel die Volatilität des Stromangebots aus erneuerbaren Energien ausgleichen

6.5.2 Speicherung von Überschussstrom durch Power-to-Gas

Ein Konzept mit großem Potenzial, gerade auch für die langfristige Speicherung und Übertragung von Energie über weite Entfernungen, ist Power-to-Gas. Dabei macht man sich zu Nutze, dass das deutsche Erdgasnetz nahezu flächendeckend weite Teile des Landes mit Erdgas versorgen kann und zudem in der Lage ist, große Energiemengen zu speichern. Es kann mit seiner Gesamtlänge von rund 530.000 km sowie den daran angeschlossenen über 40 Untertagespeichern soviel Gas aufnehmen, wie Deutschland für drei Monate benötigt. Im Vergleich dazu hat das Stromnetz keine nennenswerte Speicherkapazität – würde die Stromproduktion komplett eingestellt, gingen nach weniger als einer Stunde alle Lichter aus.

Power-to-Gas nutzt überschüssigen Strom aus Windkraft- und Photovoltaikanlagen für die Elektrolyse von Wasser zur Gewinnung von Wasserstoff. In einem zweiten Schritt kann daraus durch den Zusatz von CO_2 synthetisches Methan erzeugt und in die Erdgasnetze eingespeist werden. Das Erdgasnetz kann so indirekt als mächtiger Pufferspeicher für regenerativ erzeugten Strom dienen. Dies dient der politisch gewollten Sektorkopplung von Strom, Wärme und Mobilität: Unabhängig vom Ort der Erzeugung kann das Methan zur Stromproduktion, zur Wärmeversorgung oder in Erdgasautos als klimafreundlicher Kraftstoff verwendet werden (Abb. 6.8).

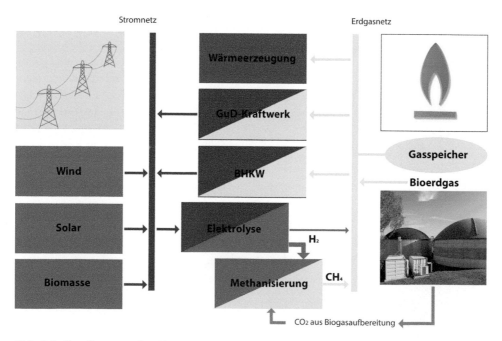

Abb. 6.8 Das Power-to-Gas-Konzept ist ein Eckpfeiler der Sektorkopplung, das im Rahmen der Energiewende zum Ausgleich der Volatilität von regenerativ erzeugten Strom zwingend erforderlich wird

Das Viessmann Gruppenunternehmen MicrobEnergy hat zur Methanerzeugung ein Verfahren entwickelt, das sich durch hohe Flexibilität auszeichnet und damit ideal geeignet ist, fluktuierende Energie aufzunehmen. Dabei werden Wasserstoff und das Kohlendioxid aus einer Biogasanlage mit Hilfe von Mikroorganismen in Methan umgewandelt. So sind keine hohen Drücke und Temperaturen erforderlich, wie bei herkömmlichen Verfahren, die das Methan auf chemisch-katalytischem Weg erzeugen. Die weltweit erste Anlage dieser Art zur Erzeugung synthetischen Methans im industriellen Maßstab wurde Anfang 2015 am Viessmann Unternehmensstammsitz in Allendorf (Eder) in Betrieb genommen. Außerdem ist Viessmann eine Kooperation mit dem Automobilhersteller Audi eingegangen und vermarktet das Gas als Kraftstoff für Erdgasautos.

6.6 Resümee

In Deutschland ist die Energiewende unwiderruflich eingeleitet. Die zentrale Voraussetzung für ihr Gelingen ist, dass alle Effizienzpotenziale ausgeschöpft und die erneuerbaren Energien ausgebaut werden. Dabei spielt der Wärmemarkt eine wichtige Rolle, denn mit beinahe 40 % Anteil am Gesamtenergieverbrauch und 15 Mio. modernisierungsbedürftigen Heizungen bietet er das größte Potenzial für Energieeinsparungen und Emissionsminderung. Darüber hinaus hält er für die politisch gewollte Sektorkopplung zwischen Wärme, Strom und Mobilität zahlreiche Lösungen bereit: Blockheizkraftwerke und Mikro-KWK-Systeme für die Dezentralisierung der Stromversorgung. Durch intelligente Vernetzung zu virtuellen Kraftwerken können sie Engpässe der volatilen Stromerzeugung ausgleichen und so zur Sicherung der Stromversorgung beitragen. Stromüberschüsse können von Wärmepumpen in Wärme umgewandelt und so für die Wohnraumbeheizung und Warmwasserbereitung nutzbar gemacht werden (Power-to-Heat). Ein Konzept mit enormen Potenzial für die Speicherung und Übertragung von Energie ist Power-to-Gas. Damit kann Überschussstrom aus erneuerbaren Energien indirekt langfristig gespeichert und in Form von synthetischem Methan unterschiedlichen Anwendungen den verschiedenen Sektoren zur Verfügung gestellt werden. Die Heizungsbranche hält bereits heute die Lösungen bereit, die zum Erreichen der energie- und klimapolitischen Ziele benötigt werden.

Die (neue) EnEV 2014 und die Energetische Inspektion von Klima- und Lüftungsanlagen – Betreiberpflichten? Betreiberchancen!

Jürgen Bruder

Die *Energieeinsparverordnung* sieht in § 12 bereits seit 2007 vor, größere Klimaanlagen in Gebäuden alle 10 Jahre einer energetischen Inspektion zu unterwerfen. Das Inspektionsprotokoll ist seit 2009 vom Anlagenbetreiber den zuständigen Behörden auf Verlangen vorzulegen. Seit Mai 2014 gibt es hierzu auch Stichprobenkontrollen.

Wer eine größere Klimaanlage betreibt, könnte das als lästige Pflicht interpretieren und über zusätzliche Auflagen samt der Kosten für die Überprüfungen und Dokumentation jammern. Dann empfiehlt sich ein Wechsel der Perspektive:

Lüftungs- und Klimaanlagen tragen mit 20–40 % zum Energieverbauch – und somit auch zu Energiekosten – von Gebäuden bei. Lüftungs- und Klimaanlagen sind auch heute noch häufig Energiefresser und verursachen beträchtliche Kosten. Zwei Beispiele verdeutlichen das:

- Jede Kilowattstunde Abwärme oder Sonneneinstrahlung, die nicht weggekühlt werden muss, erspart 0,2–0,3 kWh weitere Energie für die Kühlung.
- Jeder Kubikmeter Luftwechsel pro Sekunde, der nicht bewegt werden muss, spart selbst bei effizienten Lüftungsanlagen über 30.000 kWh Energie im Jahr ein.

Wer hier also geschickt agiert, kann in erheblichem Umfang den Energiebedarf und damit seine Betriebskosten senken. So lassen sich Klimaschutz und Betriebswirtschaft ideal verbinden.

J. Bruder
TÜV Hessen, Rüdesheimer Str. 119, Darmstadt, Deutschland
E-Mail: Juergen.Bruder@tuevhessen.de

© Springer Fachmedien Wiesbaden GmbH 2017
B. Weyland et al., *Energieeffizienz*, DOI 10.1007/978-3-658-17225-1_7

7.1 Der rechtliche Rahmen

Nationale Regelungen basieren in Europa auf europäischem Recht, in diesem Fall auf der **Richtlinie 2010/31/EU** über die „**Gesamtenergieeffizienz von Gebäuden**". Im Kern verfolgt die Richtlinie folgende Zielsetzung:

Auf Gebäude entfallen 40 % des Gesamtenergieverbrauchs der Europäischen Union (EU). Der Sektor expandiert und somit ebenfalls sein Energiebedarf. Durch Beschränkung des Energiebedarfs wird die EU die Energieabhängigkeit und die Treibhausgasemissionen verringern und Fortschritte in Hinblick auf ihr Ziel machen, den Gesamtenergieverbrauch bis 2020 um 20 % zu reduzieren.

Mit dieser Richtlinie soll die Gesamtenergieeffizienz von Gebäuden in der EU verbessert werden und dabei den klimatischen und lokalen Bedingungen Rechnung tragen. Sie legt Mindestanforderungen und einheitliche Methoden fest. Sie deckt den Energieverbrauch für Heizung, Warmwasserbereitung, Kühlung, Lüftung und Beleuchtung ab. Die nationalen Behörden müssen die erforderlichen Maßnahmen treffen, um die Inspektion von Heizungs- und Kühlanlagen zu gewährleisten.

Umgesetzt in nationales Recht ist diese EU-Richtline in Deutschland durch das **Energieeinsparungsgesetz (EnEG)** oder wie es genauer heißt „**Gesetz zur Einsparung von Energie in Gebäuden**". Das EnEG stammt aus dem Jahr 1976 und ist Antwort auf die erste Ölkrise im Jahr 1973. Über die Jahre hat das EnEG viele Anpassungen erhalten, u. a. sind so auch die Forderungen der o. g. EU-Richtlinie eingeflossen.

Das EnEG fordert für neue Gebäude, die beheizt oder gekühlt werden, den Wärmeschutz so auszuführen, dass – um Energie zu sparen – beim Heizen und Kühlen vermeidbare Energieverluste unterbleiben. Die Bundesregierung wird mit dem EnEG ermächtigt, durch Rechtsverordnung vorzuschreiben, welchen Anforderungen die Anlagen und Einrichtungen genügen müssen. Das gilt auch für bestehende Gebäude, wenn bisher nicht vorhandene Anlagen oder Einrichtungen eingebaut oder vorhandene ersetzt, erweitert oder umgerüstet werden. Bei wesentlichen Erweiterungen oder Umrüstungen können die Anforderungen auf die gesamten Anlagen oder Einrichtungen erstreckt werden. Außerdem können Anforderungen gestellt werden, mit dem Ziel einer nachträglichen Verbesserung des Wirkungsgrades und einer Erfassung des Energieverbrauchs.

Abgebildet werden die Forderungen des EnEG in der „**Verordnung über energiesparenden Wärmeschutz und energiesparende Anlagentechnik bei Gebäuden**", kurz **Energieeinsparverordnung genannt (EnEV)**. In § 12 der EnEV wird die Energetische Inspektion von Klimaanlagen geregelt (Abb. 7.1).

Weitere Regelwerke geben Hinweise, wie diese Inspektionen durchzuführen sind, z. B.

- **DIN SPEC 15240**: Lüftung von Gebäuden – Gesamtenergieeffizienz von Gebäuden – Energetische Inspektion von Klimaanlagen
- **VDMA 24197**: Energetische Inspektion von Komponenten gebäudetechnischer Anlagen

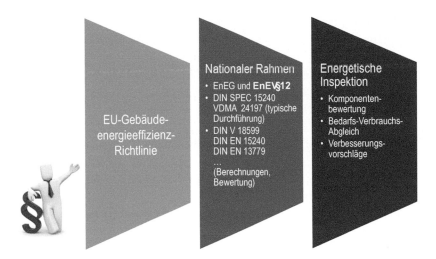

Abb. 7.1   Energetische Inspektion von Klima- und Lüftungsanlagen

In dem von der Arbeitsgemeinschaft Instandhaltung Gebäudetechnik (AIG) im Verband Deutscher Maschinen- und Anlagenbau e.V. (VDMA) Einheitsblatt werden die Tätigkeiten bzw. Leistungen definiert, die im Zuge einer Energetischen Inspektion von Komponenten gebäudetechnischer Geräte und Anlagen auszuführen sind.

- **DIN V 18599**: Energetische Bewertung von Gebäuden
  Diese Vornormenreihe stellt ein Verfahren zur Bewertung der Gesamtenergieeffizienz von Gebäuden zur Verfügung, wie sie nach Richtlinie 2010/31/EU gefordert wird.
- **DIN EN 15240**: Lüftung von Gebäuden – Gesamtenergieeffizienz von Gebäuden – Leitlinien für die Inspektion von Klimaanlagen
- **DIN EN 13779**: Lüftung von Nichtwohngebäuden – Allgemeine Grundlagen und Anforderungen für Lüftungs- und Klimaanlagen und Raumkühlsysteme

Demnach lassen sich lassen sich im Wesentlichen drei Schwerpunkte der Energetischen Inspektion benennen:

- Komponentenbewertung
- Bedarfs-Verbrauchs-Abgleich
- Verbesserungsvorschläge.

7.2   Energetische Inspektion für Anlagen mit mehr als 12 kW Nennleistung

Die EnEV besagt, dass Betreiber von Klimaanlagen, die in Gebäuden eingebaut sind und eine **Nennleistung** für den Kältebedarf von **mehr als zwölf Kilowatt (12 kW)** aufweisen, eine **energetische Inspektion** vornehmen müssen.

- Die Energetische Inspektion muss sich erstrecken auf
  - die Überprüfung und Bewertung der Einflüsse, die für die Auslegung der Anlage verantwortlich sind, insbesondere Veränderungen der Raumnutzung und -belegung, der Nutzungszeiten, der inneren Wärmequellen sowie der relevanten bauphysikalischen Eigenschaften des Gebäudes und der vom Betreiber geforderten Sollwerte hinsichtlich Luftmengen, Temperatur, Feuchte, Betriebszeit sowie Toleranzen, und
  - die Feststellung der Effizienz der wesentlichen Komponenten.

  Die Inspektion umfasst demnach u. a. die Kälteerzeugung und Rückkühlung, die Lüftungs- und Umluftgeräte, Kühldecken usw. Auch eine Ermittlung des Kühl- und Luftwechselbedarfs muss enthalten sein.
- Die Inspektion ist **erstmals im zehnten Jahr nach der Inbetriebnahme** oder der Erneuerung wesentlicher Bauteile wie Wärmeübertrager, Ventilator oder Kältemaschine durchzuführen.
- Nach der erstmaligen Inspektion **ist** die Anlage **wiederkehrend mindestens alle zehn Jahre erneut einer Inspektion zu unterziehen.**
- Inspektionen dürfen **nur von fachkundigen Personen** durchgeführt werden.
- Die inspizierende Person muss einen **Inspektionsbericht erstellen** mit den Ergebnissen der Inspektion und den fachlichen Hinweisen für Maßnahmen zur kosteneffizienten Verbesserung der energetischen Eigenschaften der Anlage, für deren Austausch oder für Alternativlösungen. Der Bericht ist mit einer Registriernummer zu versehen und es muss aus dem Bericht hervorgehen, wer die Inspektion vorgenommen hat.
- Der Inspektionsbericht ist dem Betreiber zu übergeben, der ihn der zuständigen Behörde **auf Verlangen vorzulegen** hat.

7.3   Durchführung der Energetischen Inspektion

Einen Überblick zur Durchführung der Energetischen Inspektion gibt Abb. 7.2. Ausgehend von einer

Durchsicht vorhandener Unterlagen wie der Auslegungsdokumentation und den Planungs- und Wartungsunterlagen erfolgt eine

Untersuchung der eingebauten Komponenten für Lüftung, Kälte und Regelung. Dem gegenübergestellt werden die Ergebnisse der

Bedarfsermittlung bezogen auf Kühllasten, Luftbedarf, Regelungsvorgaben und Betriebszeiten. Aus der anschließenden

Bewertung der Situation werden **Verbesserungsvorschläge** erarbeitet z. B. für eine Betriebsoptimierung, Komponententausch oder gar für eine Anlagenerneuerung. Abgeschlossen wir die Inspektion mit dem

Inspektionsbericht, der alle Erkenntnisse über Anlagenbeschreibung, deren Bewertung (bezogen auf die Einsatzerfordernisse) bis hin zu den Verbesserungsvorschlägen nachvollziehbar darstellen muss.

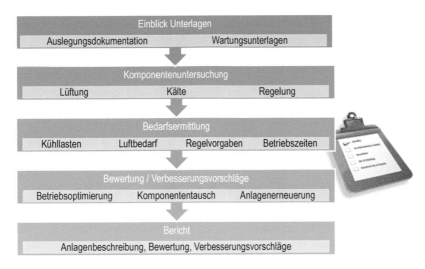

Abb. 7.2   Energetische Inspektion

7.4   Einsparpotenziale und Erfahrungen

Aus den bisher vom TÜV Hessen durchgeführten Erfahrungen lassen sich Erkenntnisse ableiten, die hier an Hand ausgewählter Beispiele erwähnt werden sollen:

Ventilatoren: Anlagen der 1980er-/1990er-Jahre erreichen Wirkungsgrade von 40–50 %, neue Anlagen haben Wirkungsgrade von 70–90 % (einschließlich Antrieb).

Kälteerzeugung: Jeder Aus-/Einschaltvorgang erzeugt Verluste. Der Einsatz von passend dimensionierten Pufferspeichern und einer genügend großen Regelspanne der Temperatur kann 20–40 % des elektrischen Stroms für Kältemaschinen sparen

Kältevermeidung: Direktkühlung bei niedrigeren Außentemperaturen kann z. B. 90 % des Energieaufwandes für eine Serverraumkühlung vermeiden.

Pumpen: Bei räumlich verteilten Anlagen kann der Pumpenstrom bis zu 1/3 des gesamten Stromverbrauchs der Haustechnik ausmachen. Das Einsparpotenzial beim Einsatz von Hocheffizienzpumpen liegt bei 60 bis 80 % des Pumpenstroms.

Die wichtigste Empfehlung die gegeben werden kann ist, Investitionen nur dann vorzunehmen, wenn eine gründliche Analyse der Situation vorgenommen wurde. Das mag trivial klingen. Die Praxis lehrt anderes, wie zwei Beispiele hier belegen:

Austausch neu wie alt: Einer der Kälteprozessoren mit 136 kW Kühlleistung einer Tandemanlage (Gesamtkühlleistung 272 kW) war defekt und wurde 1:1 ausgetauscht. Eine Energetische Inspektion oder die Überprüfung der Planung für die Technische Gebäudeausstattung (TGA) als Grundlage für die Entscheidung einer Ersatzbeschaffung blieb aus. Wie sich später herausstellte, liegt der tatsächliche Kühlbedarf für das Gebäude aktuell bei ca. 70 kW. Selbst bei maximaler Gebäudebelegung mit 500 W pro PC und ohne Sonnenschutz liegt der Kühlbedarf bei ca. 120 kW (vgl. Abb. 7.3).

Abb. 7.3 Beispiel: Neu wie
alt

• neuer Kältekompressor 136 kW für
  Tandemanlage
  (Gesamtkühlleistung 272 kW)

• Anschaffung nur, weil alter Kompressor
  defekt, ohne Energetische Inspektion
  oder TGA-Planung

• Kühlbedarf aktuell ~70 kW;
  selbst bei maximaler Gebäudebelegung,
  500 W/PC und ohne Sonnenschutz:
  ~ 120 kW

Hauptsache, die Luft ist im Raum: In einer Produktionshalle erfolgt der Einlass der
Zuluft von oben durch perforierte Textilschläuche, schräg abwärts im Winkel von
45°. Die Abluft wird über diesen Schläuchen an der Decke abgezogen. Das führt
dazu, dass die Frischluft gar nicht erst im Arbeitsbereich der Beschäftigten ankommt.
Ähnliches geschieht auch bei sog. Rasterdecken, bei denen Zu- und Abluft in der
Decke installiert sind.

Wichtig ist demnach, die Dimensionierung der Geräte dem Bedarf anzupassen und eine
sinnvolle Vernetzung der Systeme zu erreichen.

7.5   Fazit

Die Energetische Inspektion ist die strategische Ergänzung beim Energiecontrolling für
effiziente Technische Gebäudeanlagen und für eine gute Raumklimaqualität. Gute und
effiziente Gebäude sind ein Aushängeschild für die Betreiber! Sie besitzen einen höheren
Marktwert.

Deshalb die Empfehlung vom „PowerTeam EnergieEffizienz" des TÜV Hessen: Eine
unabhängige und neutrale Bewertung der Energiesituation im gesamten Gebäude sollte
jeder Investition vorgeschaltet sein, um bares Geld zu sparen. Dazu gehört insbesondere
die Energetische Inspektion von Klima- und Lüftungsanlagen.

Infos unter www.tuev-hessen.de/energieeffizienz
TÜV Technische Überwachung Hessen GmbH
Jürgen Bruder (Dipl.-Ing. F.H.)
Mitglied der Geschäftsleitung
Rüdesheimer Str. 119
64285 Darmstadt
Tel.: +49(0)6151/600-150
Fax: +49(0)6151/600-323
juergen.bruder@tuevhessen.de

7.6   TÜV Hessen – Zukunft Gewissheit geben

TÜV Technische Überwachung Hessen GmbH (TÜV Hessen) ist eine international tätige Dienstleistungsgesellschaft mit Sitz in Darmstadt. TÜV Hessen steht für die Sicherheit und Zukunftsfähigkeit von Produkten, Anlagen und Dienstleistungen und das sichere Miteinander von Mensch, Technik und Umwelt. Bei technischen Prüfungen und Zertifizierungen ist TÜV Hessen Marktführer in Hessen, aber auch deutschlandweit gefragt und international erfolgreich. TÜV Hessen hat mehr als 60 Standorte in Hessen, Niederlassungen in vier weiteren Bundesländern und Partnerunternehmen auf drei Kontinenten.

Als einer nachhaltigen Unternehmenskultur verpflichteter Arbeitgeber übernimmt TÜV Hessen in vielfältiger Form Verantwortung für Menschen, Gesellschaft und Umwelt. In den Geschäftsbereichen Auto Service, Industrie Service, Real Estate, Life Service und Managementsysteme erbringen rund 1300 Mitarbeiter über 220 TÜV®-Dienstleistungen für Unternehmen und Privatkunden. TÜV Hessen ist eine Beteiligungsgesellschaft der TÜV SÜD AG (55 %) sowie des Landes Hessen (45 %) und erwirtschaftete im Jahr 2016 einen Umsatz von rund 128 Mio. €.

Printed in the United States
By Bookmasters